배명진 교수와

소리 이야기

Professor Bae and Sound Stories

배명진 교수와

소리이야기

배명진 지음

도서출판 그린

PREFACE

눈으로 보는 세계보다 더 큰 상상력이 있는 곳

소리의 세계로 초대합니다

아마도 대 여섯 살 쯤 되었을 때라고 짐작된다. 기계가 흔치 않았던 시절인데도 온갖 기계장치를 능숙하게 만지시던 아버지 옆에서 나도 틈만 나면 광석라디오를 가지고 놀곤 했었다. 그러다가 갑자기 라디오에서 소리가 나오지 않자 "소리가 왜 나오지 않을까?"라는 호기심에 라디오를 분해한 후 다시 조립해보았다. 여러 번의 시행착오 끝에 다시 조립한 라디오를 틀었을 때 소리가 나오자 팔짝팔짝 뛰며 기뻐했던 기억이 난다. 이것이 나의 소리와의 첫 만남이었다.

이후 수십 년의 세월 동안 나는 소리와 함께 살아왔다. 소리에 관심을 갖기 시작하면서 주변을 돌아보니 소리는 우리와 늘 함께 있었고 소리의 종류도, 크기도, 전달되는 경로나 전달하고자하는 정보도 너무나 다양했다. 소리를 들으면서 소리를 분석하고 연구해서 사람들에게 도움이 되는 여러 가지 장치를 만들다 보면, 소리는 언제나 나를 살아있게 만들고 가슴 설레게 하는 애인과도 같았다.

시골에서 자라났기에 기술교육을 받지 못하다가 서울로 올라와 용산공업고등학교에 진학을 하면서 소리와 관련된 여러 가지 전자제품을 만지게 되었고 졸업 후 잘 나간다는 전자회사에 취직도 했으나 좀 더 수준 높은 전자 및 통신 공학 분야의 교육을 받고자 하는 열망으로 숭실대학교 공과대학 전자공학과에 입학했다. 서울대학교에서 소리공학 분야의 공학석사와 공학박사학위를 받은 후 호서대학교를 거쳐 모교인 숭실대학교 정보통신전자공학부에서 교수로 자리 잡은 지도 벌써 삼십 년. 기존의 음향과학이나 혹은 음성통신공학이 아니라 새로운 분야인 '소리공학'에 대한 관심을 이끌어내려고 부단히 노력했고 이를 위해 〈소리공학연구소〉를 설립하기도 했다. 그 결과, 이제는 '소리공학'에 대한 일반인들의 관심도 높아졌으며 덕분에 어딜 가도 '소리공학자 배명진교수'를 알아보는 사람들이 많아졌으니 소리와의 첫 만남 이후 오십년 세월 동안 소리에 바친 내 열정과 노력이 헛되지 않았음에 감사하는 마음이다.

소리는 진동이다. 1초 동안 발생하는 진동의 숫자를 주파수로 표현하게 되는데 주파수는 우리가 듣는 음의 높이를 결정한다. 주파수의 기본 단위는 헤르츠(Hz)인데 100Hz의 주파수는 성대가 1초 동안 100번 떨리는 소리라는 의미다. 우리가 말을 할 때마다 성대의 떨림이 발생하고 1초에 몇 번 성대가 떨리느냐에 따라서 목소리의 톤을 결정하게 된다. 성대 떨림은 성대의 피부조직 외에도 폐활량이나 체력 등에 영향을 받으므로 사람들마다 기본진동수가 서로 다르게 나온다. 목소리로 사람의 신장을 추정할 수도 있고 동일인이지 아닌지도 확인할 수 있다. 이처럼 소리는 청각을 통해 우리에게 여러 가지 정보를 전달해 준다. 사실 우리가 공포를 느낄 때 사람이 가지고 있는 오감 중에서 가장 민감하게 반응하는 감각기관은 바로 소리를 듣는 청각이다. 청각기능은 비록 시각처럼 상세한 정보를 직접적으로 제공하지는 못하지만, 연속적으로 들어오는 청각정보에 상상력을 가미하면 필요한 정보를 머릿속에서 충분히 연상할 수 있다는 특성이 있다.

사람에게는 오감이 있지만 태어나기 전부터 가지게 되는 감각도 청각이고 이 세상 살다가 떠날 때 가장 마지막까지 남아있는 것도 청각이라고 한다. 청각은 우리에게 소리를 듣게 해주므로 결국 소리는 우리가 이 세상에서 가장 먼저 접하는 것이며 마지막 순간까지 우리 곁에 남아있는 것이라고 하겠다. 이처럼 중요한 소리를 잘 분석하여 활용하는 기술인 소리공학은 과거에도 그러하였듯이 앞으로도 무한정 발전할 수밖에 없을 것이다. 과거와 현재와 미래를 연계하는 기술, 그것이 바로 소리공학이기 때문이다.

이 책은 그동안 신문 칼럼, 방송 출연을 통해서, 혹은 혼자만의 기록으로 남기기도 하면서 소리에 대해 써놓았던 글들을 모은 것이다. 소리는 우리를 즐겁게 만들기도 하고 편안하게 만들기도 하고 애끓게 만들기도 하며 무엇인가에 집중하게도 만들지만 귀찮거나 짜증나게 만들기도 하고 어수선하게 만들기도 하며 무엇보다도 공포에 휩싸이게 만들기도 한다. 이렇듯 수많은 소리에 대한 이야기들이 바로 이 책에 담겨있다. 아기들의 울음소리 이야기, 소리로 앞을 보는 소년의 이야기, 개의 웃음소리와 모기소리, 매미소리, 새소리 등 동물들이 내는 소리에 얽힌 이야기들, 자연에서 들을 수 있는 백색소음과 몽돌해변의 파도소리 이야기, 범죄를 해결하는 소리의 흔적 등 소리의 세계는 무궁무진한 이야기들을 우리에게 들려준다.

이제 독자 여러분이 소리를 만날 차례이다. 지금 이 글을 읽고 있는 순간, 여러분은 어떤 소리를 듣고 있을까? 그 소리는 여러분에게 어떤 의미를 주고 있을까? 좋은 소리일까, 나쁜 소리일까? 행복한 추억을 불러올까, 두려움에 떨게 만들고 있을까? 눈으로 보는 세계보다도 더 큰 상상력을 불러일으키는 소리의 세계, 다양하면서도 흥미로운 이야기들로 가득 찬 소리의 세계로 여러분을 초대한다.

2012년 10월

소리공학연구소 소장 **배 명 진** 숭실대 교수

CONTENTS

Professor Bae and

Sound Stories

배명진 교수와

소리이야기

Science and Art of Sound

소리이야기 01

동물들의 소리육감

모두가 곤히 잠든 어느 날 새벽, 서울의 주택가에서 철거를 앞두고 있었던 낡은 2층짜리 주택이 갑자기 무너져 내렸다. 당시 건물 안에서 자고 있던 사람들은 다행히 붕괴 바로 직전에 집을 빠져 나와 구사일생으로 목숨을 구할 수 있었다. 이들의 탈출을 도운 생명의 은인은 바로 마당에서 키우던 강아지 복돌이었다.

한밤중에 복돌이가 요란하게 짖어대는 소리에 잠을 잘 수 없었던 사람들은 도대체 무슨 일 때문인지, 혹시 도둑이라도 들었나 싶어 졸린 눈을 비비며 마당으로 나왔다. 그런데 세 사람이 마당으로 나온 순간 주택이 순식간에 무너져 내린 것이다. 세 사람은 깜짝 놀라 몸을 피했고, 무너진 건물의 파편이 튀면서 약간의 상처만 입었다고 한다.

복돌이는 어떻게 집이 무너질 줄 알고 집안사람들을 구한 것일까? 복돌이가 짖어댄 이유를 좀 더 자세히 알아보기 위해 SBS TV 〈동물농장〉 팀이 복돌이와 그리고 비교를 위해 닥스훈트 한 마리를 데리고 소리공학연구소로 찾아 왔다.

붕괴 현장의 경우, 구조물이 흔들릴 때, 철근에 콘크리트가 긁히면서 마치 손톱으로 칠판을 긁을 때 나는 소리처럼, 듣기 싫은 소리가 미세하면서도 아주 불규칙하게 계속 들리게 된다. 이런 소리가 어느 정도 반복되다가 결국은 붕괴가 일어나는 과정을 겪을 수 있다.

일반적으로 개는 사람보다 가청 주파수의 음대역이 넓다. 사람의 경우 가청 주파수 대역이 20~20,000㎐인 반면 개의 경우는 15~50,000㎐이기 때문에 사람이 들을 수 없는 초고주파 음도 잘 들을 수 있다. 복돌이는 붕괴 시에 발생한 초고주파 소리를 감지하고는 그 위기상황을 알리기 위해 크게 울부짖는 소리를 냄으로써 사람들을 구할 수 있었던 것이다.

아니나 다를까. 초고주파 음을 들려주자 처음에는 복돌이와 닥스훈트 모두 반응을 보였다. 소리가 나는 쪽으로 고개를 돌리며 관심을 보인 것이다. 하지만 닥스훈트는 처음에는 반응을 좀 보이는 듯했으나 이내 고개를 돌려버리고 더 이상 관심을 보이지 않았다. 반면 복돌이는 소리가 나는 쪽을 계속 응시하며 뭔가 불안한 듯 안절부절 못하는 모습을 보였다. 복돌이의 소리 감각이 닥스훈트보다 훨씬 더 예민했던 것이다.

복돌이와 같이 재앙을 미리 예지하는 동물들의 소리육감 사례는 많이 찾아볼 수 있다. 일본에서는 지진 전후에 발생하는 초저주파 음처럼 미약한 전기신호를 감시할 수 있는 메기가 비슷한 상황이 올 때마다 물속에서 초저주파음을 감지해서 요란하게 요동친다는 보고가 있다. 그래서 일본의 가정에서는 지진예보를 위해 어항에 메기를 기르기도 한다.

새들은 지진을 미리 예측할 수 있다 ▲

코끼리는 발로도 초저주파 소리를 느낀다 ▲

2004년 남아시아 지진해일이 일어났을 때 강력한 쓰나미를 예측하지 못한 탓에 무려 16만명이나 되는 사람들이 목숨을 잃었지만, 웬일인지 해일이 쓸고 간 스리랑카의 얄라 국립공원에서는 동물의 사체가 거의 발견되지 않았다고 한다. 특히 코끼리의 경우 쓰나미가 몰려올 때 발생한 20㎐ 이하의 초저주파 음을 귀와 발바닥으로 감지하고 미리 높은 산으로 대피하였다고 한다.

중국 스촨성에서 대지진이 발생되기 직전에는 동면 중이던 두꺼비가 땅속에서 지진파 소리를 감지하고 탈출해서 아스팔트위로 올라와 대행진을 했던 적도 있었다. 이러한 현상은 늦가을에 에밀레종을 타종할 때도 나타났었는데, 대종을 치게 되면 종소리의 초저주파 음이 땅속으로 들어가서 울리게 되고, 이때 동면 중이던 개구리들이 소리 때문에 참지 못하겠다고 땅속에서 뛰쳐나와 종소리와 함께 울어댄다고 한다. 새들도 지진 시에 유발되는 초음파 소리음을 감지하면 이상한 행동을 보이기도 한다.

결론적으로 사람이 들을 수 없는 초저주파 음이나 초음파의 소리를 동물들은 미리 감지하고 사고를 예방하는 능력을 가지고 있음을 증명하는 사례들이 많다. 우리도 동물들처럼 미리 소리를 인지하고 분석할 수 있다면, 지진이나 해일, 건물 붕괴와 같은 재난으로 인해 발생하는 인명 피해를 크게 줄일 수 있을텐데 하는 아쉬움과 함께 소리의 신비에 다시 한 번 감탄하게 된다.

소리이야기 02

노래 부르면서 스트레스를 해소하자

바쁜 생활과 힘든 업무에 열중하다보면 기쁜 일도 있고 즐거운 일도 있지만, 스트레스가 쌓이는 일들을 더 많이 겪게 된다. 적당한 스트레스를 받으면 긴장감이 고조돼 업무에 대한 집중력이 높아지고 효율성이 개선되기도 하지만, 무엇보다도 스트레스는 만병의 근원이라고 하니 걱정하지 않을 수 없다.

스트레스를 측정하는 방법은 아주 다양하다. 최근에 연구된 바로는 스트레스를 받으면 입속에 있는 침샘에서 코티졸이라는 성분이 생성된다고 한다. 그래서 무엇엔가 열을 받게 되면 내 입안에서 단내가 나는 것일까? 어쨌거나 연구결과에 의하면 입안의 침에서 코티졸의 분포용량을 화학적으로 검출해 보면 현재의 스트레스 지수를 측정할 수 있다는 것이다.

또한, 스트레스를 받게 되면 앞가슴을 감싸고 있는 갈비뼈가 모아지는 가슴 왼쪽 부근에서 아드레날린 호르몬이 과다하게 분비된다고 한다. 이 호르몬은 스트레스를 받았을 때 우리의 중요한 장기들을

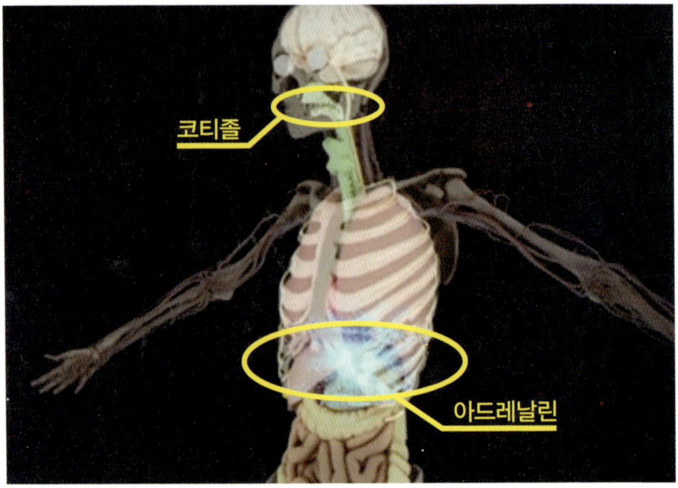

스트레스를 받으면 코티졸과 아드레날린 호르몬이 분비된다 ▲

자극해 신체를 무리하게 가동 시킨다는 데 문제가 있다. 그래서인지 스트레스를 받으면 심장에 압박감이 느껴지고, 맥박이 불안정해지면서 가슴이 답답해지는 느낌을 가지게 된다.

한편, 스트레스를 없애는 방법 또한 많이 알려져 있는 것도 사실이다. 그중에서도 노래방에서 혹은 모임에서 노래를 부르면 하루 동안 쌓였던 스트레스를 말끔히 해소할 수 있다고 한다. 과연 노래의 어떤 성분이 사람의 기분을 풀어주고 스트레스를 해소시켜 주는 것일까? 우리는 노래 소리에 대한 과학적인 분석을 통해 그 원리를 파악해보기로 했다.

우리가 노래를 부르려면 우선 목에서 소리를 발성해야 하는데, 목소리는 먼저 폐에 공기를 모은 후 이 공기를 목구멍과 입을 통해 통과시킴으로써 만들어진다. 즉, 공기가 목구멍을 통과할 때 성대의 탄력에 의해 열림과 닫힘을 반복하는 성대 떨림이 유발되는데, 바로 이 떨림이 목소리의 기본음이 된다. 기본음은 목, 입안, 코 등에서 울리면서 노래나 말소리에서의 공명음을 만들어 낸다.

노래를 부를 때는 리듬에 맞춰 호흡을 하게 되는데 노래에서의 호흡 주기는 보통 3초에서 8초의 주기로 반복된다. 리듬에 맞춰 숨을 들이쉬면 폐가 확장되고 이때 허파 주변에 있는 다른 장기들을 압박하게 된다. 여러 장기들 중에서도 심장을 압박하게 되면 맥박이 낮아지면서 혈류의 흐름이 안정화된다. 한편 노래를 부르기 위해 발성하면서 숨을 내쉬게 되면 폐에 차 있던 공기가 방출되는데, 이때에는 허파 주위의 장기들이 압박에서 벗어나서 자유로워지고, 심장 맥박수가 높아진다.

노래를 부르면 스트레스를 해소할 수 있다 ▲

이처럼 노래를 부르면 리듬에 따라 심장의 맥박이 안정화와 활성화를 반복하면서 스트레스로 인해 쌓인 화를 풀어주게 된다는 것이 기존의 이론이었다.

이러한 이론을 과학적으로 입증하기 위해 우리는 병원에서 오랫동안 스트레스 지수 진단기로 사용해오고 있는 자율신경균형도 검사장비를 사용했다. 밤낮으로 학위논문을 작성하다보니 온갖 스트레스를 받게 되는 대학원생들을 대상으로 먼저 평상시 상태에서 스트레스 지수를 측정했더니 최대 10점 중 7점이 나왔다.

다음에는 노래를 몇 곡 부르게 하면서 심장혈류의 흐름을 파악했더니 리듬과 템포에 일치하는 맥동 흐름이 나타났다. 동시에 스트레스 지수도 측정했는데 노래를 부르는 동안이나 다 부르고 난 후에 측정한 스트레스 지수는 평상시보다 훨씬 낮은 3, 4점 이하로 떨어지는 결과를 얻었다.

결론적으로 고된 업무와 바쁜 일과에 시달리면서 받게 되는 각종 스트레스는 각자 알고 있는 지식범위 내에서 해소할 수 방법을 터득해야 하겠지만, 노래를 즐겁게 부르면서 스트레스도 해결하고 건강하게 살아간다면 이 또한 우리의 삶을 풍요롭게 만들 수 있는 좋은 방법이 될 수 있다.

소리이야기 03

천지인의 소리, 사물놀이

사물놀이란 말 그대로 네 가지 전통 타악기들이 모여서 장단을 맞추는 악기연주이다. 사물 악기들을 모아놓고 분석해보면 귀로 들을 수 있는 소리의 음 대역을 모두 커버하는 소리 한마당이 된다.

사물놀이 소리에는 음과 양이 한 몸처럼 어우러져 있는데, 사물놀이를 접한 전 세계의 많은 사람들이 '신을 부르는 소리'라고 격찬하는 이유도 바로 여기에 있다. 눌러주고 받쳐주는 소리의 음양, 소리의 화합이 적절하게 긴장과 이완을 반복하면서 어우러져 있다.

사물놀이 소리에는 소리 과학적인 비밀이 몇 가지 숨겨져 있다. 먼저 사물놀이 소리는 천지인을 뒤흔들며 우주만물을 자극하는 소리이다. 징과 장구의 장단은 중년의 남성과 여성의 목소리가 갖는 기본 진동수와 비슷하게 나타나기 때문에 지극히 인간적이라 할 수 있는 사람의 소리이고, 꽹과리는 높은 진동수(1,100Hz)의 소리이므로 하늘 높이 날아갈 수 있는 하늘의 소리이며, 북은 땅속으로 잘 전달되는 낮은 진동수(80Hz)를 가진 땅의 소리이다.

꽹과리 소리는 극도로 긴장감을 유발하는 동시에 하늘로 가볍게 잘 날아가는 반면, 북소리는 우렁차고 안정감이 있다. 따라서 북소리는 꽹과리소리를 차가운 땅으로 끌어 내리게 되고 그 결과 이 두 소리는 하늘과 땅의 양극을 이루게 된다. 소리진동수의 측면에서도 이 두 소리는 상반된 고저의 진동수를 나타내므로 구전으로 전해오듯이 소리의 완벽한 음양 조화를 이루고 있다.

사물놀이 한마당에서 들을 수 있는 소리를 주파수별로 나누어 색깔로 나타내보면, 빨강, 노랑, 초록, 보라색으로 그려져서 한 폭의 그림처럼 색깔의 조화를 이루게 된다. 이것은 우리가 무지개 색깔을 빛의 주파수로 나타낼 때 저주파수에서부터 높은 쪽으로 빨강, 주황, 노랑, 초록, 파랑, 남색, 보라색으로 표현하는 원리를 응용하는 것이다. 따라서 사람의 귀로 들을 수 있는 소리의 주파수 특성이라는 측면에서 사물놀이 소리를 살펴보면, 사람이 귀로 들을 수 있는 모든 소리를 다 포함하고 있기 때문에 결국 사물놀이는 소리의 조화가 잘 이루어지는 연주라고 말할 수 있다.

앞에서도 잠시 언급했듯이 사물놀이의 네 가지 악기 중 두 가지는 인간이 친근감을 느끼는 소리라는 점도 특이하다. 기본진동수가 중년 남성의 소리와 비슷한 징소리(140Hz)는 듣는 사람에게 친근감과 신뢰성을 주고, 중년여성의 소리에 비유되는 장구소리(250Hz)는 그 가락만으로 흥겨움과 함께 아름다운 여인의 모습을 느끼게 한다.

한편, '징을 치면 장이 좋아진다'는 속설이 전해져 오고 있는데, 그 이유는 징에서 들리는 소리가 인간의 신체 장기 안에서 공명을 유

사물놀이 공연장면 ▲

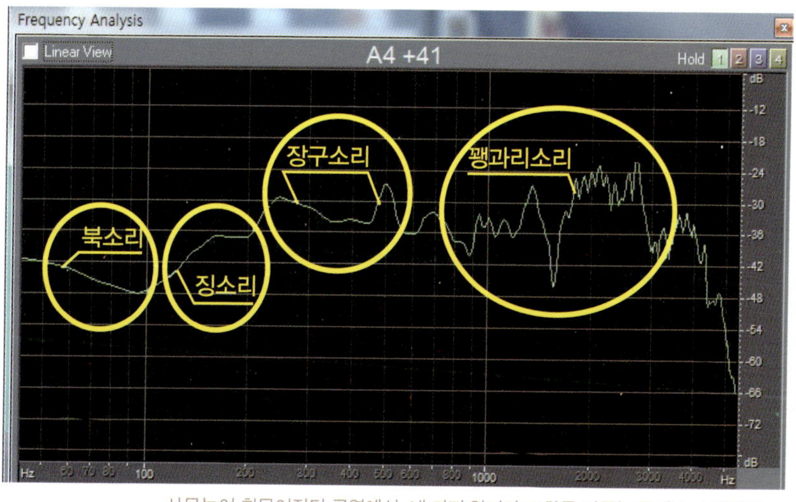

사물놀이 휘몰이장단 공연에서 네 가지 악기가 조화를 이루는 주파수 스펙트럼 ▲

발하여 건강에도 좋은 자극제 역할을 하기 때문이다. 징이나 북소리는 저음이라서 귀가 아닌 가슴이나 몸, 머리로 진동을 느끼게 되는 촉감으로도 소리를 들을 수 있으며 따라서 사람의 귀로 들리는 소리와 함께 더 풍부한 소리를 만들게 된다. 특히 징소리에서는 강력한 파워(100dB 이상)의 소리공명이 진동을 통해 촉감으로 느껴지고, 징의 고유한 공명주파수에 의해 인간신체의 장기에 특별한 자극이 주어진다. 이 때문에 징을 치는 사람과 그 근방에 모여 있는 관객들은 징소리 덕분에 소화도 잘되고 장 또한 튼튼해질 수 있는 웰빙(well-being) 공연을 즐길 수 있다.

결론적으로 말하면, 지금까지 구전으로만 전해오고 있는 사물놀이 소리의 신비를 우리는 소리과학적인 측면에서 규명함으로써 사물놀이의 우수성을 입증하였고, 더 나아가 우리민족의 지혜와 숨결이 스며있는 전통문화의 원동력을 찾고자 했다는 데 그 의의가 있다.

소리이야기 04

씹는 소리가 건강에 좋다

감자칩 스낵을 생산하는 회사로부터 연락이 왔다. 신제품을 개발했는데 타사 제품에 비해 씹는 소리가 어떤지, 그리고 그 소리는 건강에 어떤 영향을 미치는지 자세히 분석해 달라는 내용이었다. 물론 의뢰자는 소리를 통해 감자스낵의 판매촉진을 추구하고자 했겠지만, 평소에도 소리와 건강 사이의 관계에 관심이 많았던 우리 연구팀은 이를 본격적으로 연구해 보기로 했다.

세계적으로 유명한 감자칩 제품의 경우, 자른 감자를 기름에 튀기지 않고 구워서 만든다. 굽기 때문에 두께가 두껍고 소금양도 많아 맛이 짜고 텁텁한 편이지만, 감자의 영양가가 그대로 유지되고, 트랜스 지방이 거의 없어 건강에는 좋은 편이다.

반면 우리나라에서 생산되는 기존의 감자칩은 얇게 썰어서 기름에 튀기기 때문에 맛이 부드럽고 고소하며, 씹는 느낌도 좋다. 또한 기름에 튀기면서 생기는 올록볼록한 기포로 인해 바삭거리는 소리가 나고 이 소리로 인해 자꾸만 더 먹고 싶어지게 된다고 한다. 그렇지

시중에 나와있는 다양한 종류의 감자칩들 ▲

만 기름으로 튀긴 제품들은 건강에 문제가 되는 트랜스 지방이 많아 소비자는 이런 종류의 제품을 기피하게 된다.

이번에 새로이 개발되었다는 감자칩은 이전의 제품과 다르게 구워서 만들었기 때문에 건강식이라고 볼 수 있다. 또한 두께도 아주 얇게 만들어 맛이 담백할 뿐만 아니라 씹는 소리도 식욕을 돋우는 소리가 나온다고 한다.

실제로 감자칩을 씹을 때 나오는 소리크기를 분석해보니 기존의 제품에 비해 평균 5.3dB가 더 높았다. 소리에너지를 얘기할 때 일반적으로 3dB 차이는 두 배 큰 소리를 말한다는 것을 고려하면, 5.3dB는 큰 차이임을 알 수 있다. 따라서 씹을 때 들리는 소리가 입안의 내이와 고막을 통해 두뇌에 영향을 주게 된다는 점을 고려할 때, 그 느낌이 훨씬 더 강해졌다는 의미라고 해석할 수 있다.

소리의 음높이는 저음, 중음, 고음의 세 가지 영역으로 나누어 볼 수 있는데, 신제품은 감자칩을 입에 넣고 난 후 어금니로 넘길 때 나는 저음의 '스르륵' 하는 소리가 기존의 제품에 비해 강하게 나타났다. 이 소리는 음식물을 섭취할 때 들리는 소리의 무게감을 높게 만들어서 먹는 포만감을 향상시켜 준다.

씹을 때 들리는 바스락거리는 소리는 중음대역의 소리로, 기존의 제품에서는 6,000Hz 부근에만 분포하고 있는 반면, 신제품에서는 비교적 넓은 스펙트럼 띠를 형성하고 있었다. 이러한 소리는 노래방에서 탬버린을 흔들었을 때 들리는 소리처럼 상쾌한 소리라서 씹을 때의 소리가 아주 경쾌하고, 우리의 두뇌를 민감하게 자극하게 된다.

감자칩을 씹으면 또 다른 소리인 '스윽스윽'하는 소리가 10,000~

제주 마린파크

돌고래는 초음파로 의사소통을 한다 ▲

15,000Hz 정도의 초고음대에서 들리는데, 이는 돌고래가 먹이를 찾거나 의사소통을 할 때 내는 소리음역대이다. 이 소리성분은 두뇌를 크게 자극하기 때문에 태아용 두뇌개발이나 우울증 또는 자폐증 환자들에게 치료 목적으로 사용되기도 한다. 특히 유년기나 청소년기의 사람들은 감자칩을 먹으면서 이 소리를 잘 들을 수 있겠지만 안타깝게도 50대 이상의 어른들에겐 이러한 초고주파 음은 잘 들리지 않는다.

또한 새로운 감자칩 제품은 기름에 튀긴 제품보다 약간 더 딱딱하기 때문에 씹는 시간이 15% 더 지속된다는 것도 발견되었다. 씹기가 약간 더 힘들다는 점도 있겠지만, 맛을 소리로 느낄 수 있는 시간이 좀 더 길어졌다는 의미도 된다.

치아가 건강하면 음식물을 씹을 때 치아와 음식물이 부딪히는 소리가 나오면서 뇌를 자극하게 되고, 따라서 치매를 예방할 수 있다고 한다. 이번 연구를 통해 우리는 감자칩을 씹는 소리를 통해서도 고소한 맛뿐만 아니라 씹는 소리에서 느껴지는 상쾌함으로 육체와 정신건강을 함께 유지할 수 있다는 것을 다시 한 번 확인할 수 있었다.

소리이야기 05

공부 잘되는 소리

공부를 잘 한다는 것은 참 어려운 일이다. 공부를 잘 하기 위해서는 인간의 오감을 자극하면서 실감나게 혹은 흥미롭게 공부할 수 있는 방법을 사용하는 것이 가장 바람직하다고 생각하지만, 우리는 일반적으로 시각에만 의존하여 공부를 하게 된다. 그러는 사이에 다른 감각기능은 별 역할을 하지 못하면서 지루하다는 느낌을 갖게 되고 공부하는 것도 심심해진다.

그래서인지 간혹 학생들은 공부를 하는 중에도 촉감을 만족시키기 위해 손으로 볼펜을 돌리거나, 별 의미 없는 내용을 노트에 적어가면서 암기를 하기도 한다. 그리고 미각이나 후각을 자극하기 위해 커피나 음료수를 마시거나, 혹은 냉장고 문을 자주 열게 되곤 한다.

공부를 하고 있는 동안 오감 중에서 가장 심심해할 감각은 청감이다. 그래서 청각은 공부가 아닌 다른 곳에서 들리는 소리가 있으면 하나도 빼놓지 않고 간여하고 싶은 충동을 느낀다. 이 때문에 꽤 많은 학생들은 다른 소리가 들리지 않도록 이어폰이나 헤드폰을 착용한 채 음악을 들으면서 공부를 하기도 한다.

한편, 학습보조용으로 상용화된 청각 제품들은 휴식시간 중 우리의 시각과 청각을 통해 뇌파를 자극함으로써 심신을 단련하거나 안정을 취할 수 있도록 도와주는 역할을 한다고 주장한다. 하지만 이들 제품에서 나오는 소리는 고막이나 청각 신경계에 너무 가까워서 지나치게 자극적이 되거나 또는 소음성 난청을 유발하기도 한다. 게다가 이런 소리들은 어떤 특정한 의미를 부여하기 때문에 소리를 듣다 보면 무슨 내용인지 자꾸만 더 의식하게 되고 따라서 오히려 공부에 방해받을 수도 있다.

청각의 심심함을 해소하면서 동시에 공부를 잘 집중하기 위해서는 우리가 평소에 접하는 자연의 소리를 듣는 것이 가장 좋다. 공부에 도움이 되는 자연의 소리는 비교적 넓은 음폭의 백색사운드로 예를 들면 비오는 소리, 폭포수 소리, 갈대밭에서 들리는 바람소리, 나뭇가지에 바람이 스치는 소리 등등이 있다.

이 소리들은 평상시에도 자주 들을 수 있는 일상적인 소리이기 때문에 공부할 때 이러한 소리가 들리더라도 별로 의식하지 않게 되고, 오히려 소리로 인해 무엇인가에 둘러싸여 보호받고 있다는 안정감을 느끼게 되어 공부로 인한 외로움을 달랠 수 있다.

자연의 백색사운드를 들려주었을 때 정말 공부가 잘되는 것인지 우리는 다양한 실험을 통해 평가해 보았다. 먼저 노원구 소재 한 보습학원에서 남녀 중학생을 대상으로 영어단어 암기력 테스트를 실시해 보았다. 일상의 상태, 즉 소리가 없는 상태와 백색사운드를 들려

백색사운드를 발생하는 시냇물소리 ▲

공부에 도움을 주는 시설물 ▲

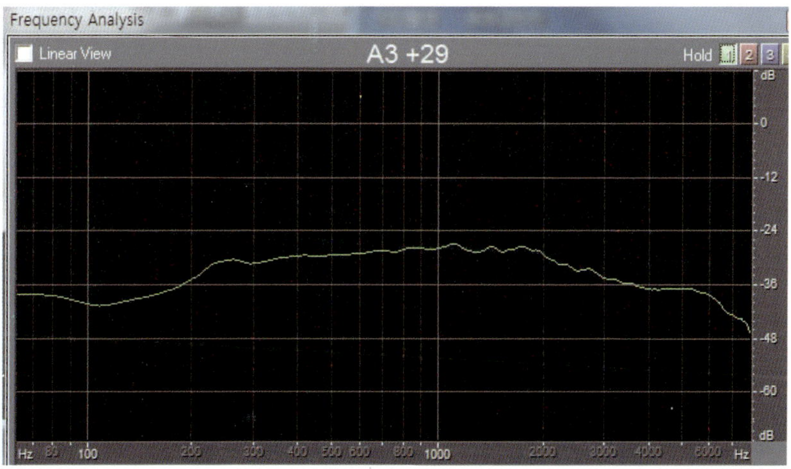

백색사운드의 주파수 스펙트럼 ▲

주었을 때의 상태 두 가지로 구분해서 고2 수준의 영어단어를 5분간 암기하게하고 단어암기력 테스트를 시행했는데, 평소에 비해 백색사운드를 듣고 있을 때 암기력이 35% 개선되었다.

다음은 독서실에서의 집중력을 테스트해 보았다. 각자의 책장 위에 백색사운드가 발생되도록 장치를 부착한 후, 공부를 하는 동안 옆이나 앞뒤로 고개를 돌려 쳐다보거나 혹은 관심을 갖는 횟수를 시간별로 비교하였다. 측정 결과 백색사운드를 들려주었을 때에는 주변에 관심을 보이는 횟수가 22% 정도 줄어들었다.

마지막으로 자연의 백색사운드를 들려주면서 뇌파반응 검사를 수행해 보았다. 백색사운드를 들으면서 학습했을 때는 평상시에 비해 피 실험자의 뇌파에서 베타파가 줄어들었고, 반면에 집중력과 안정도가 개선되는 것으로 알려져 있는 알파파(α), 세타파(θ), 델타파(δ) 등이 크게 증가하는 결과를 얻을 수 있었다. 즉, 백색사운드를 들으면 뇌파의 활동성은 어느 정도 감소되면서 심리적인 안정도와 공부에 대한 집중력은 크게 향상된다는 의미이다.

결론적으로 공부를 잘하려면 인간의 오감을 만족하면서 학습효율을 올리는 것이 필요한데, 그 중에서 자연의 소리, 백색사운드를 사용하는 공부 방법은 사람의 청각을 만족시킴으로써 두뇌활동을 자극하고 집중력을 향상시킬 수 있는 방법 중 한 가지로 추천할 수 있다.

소리이야기 06

명품 바이올린의 소리

바이올린 연주자들은 스트라디바리우스나 과르넬리 등과 같은 명품악기로 연주해 보는 것이 하나의 소망이자 꿈일 것이다. 명품악기로 연주하면 음량이 더 풍부하고, 선율이 고우며, 음색이 안정적이어서 바이올린 연주가 아주 자연스러워진다고 한다. 하지만 악기의 가격이 수십억 원을 호가하기에 명품악기를 만지는 것조차 부담스러울 정도이다. 과연 명품악기의 소리에는 그만한 가치가 숨겨져 있는지 필자 또한 궁금하던 차에 MBC 뉴스 팀으로부터 연락이 왔다.

1745년산 스트라디바리우스 바이올린과 2003년 스트라디 공방에서 제작한 바이올린, 이 두 개의 바이올린을 소리공학연구소에 가져가서 동일인이 같은 곡을 연주해 볼 테니, 두 악기 소리에 어떤 차이가 있는지 과학적으로 분석해 달라는 내용이었다.

바이올린 제작자들은 악기를 만드는 재료 중에서 특히 나무로 만들어지는 밑판의 재질이 좋은 소리를 얻는 데 중요한 역

할을 한다고 말한다. 바이올린의 활이 현을 스치게 되면, 그 현의 길이와 탄력에 따라 고유한 진동수가 발생되고, 진동이 바이올린의 밑판으로 전달되면서 통을 울려 나오는 소리의 크기와 음폭을 결정짓기 때문이다. 따라서 바이올린의 밑판은 소리의 선명도와 안정성을 유지하는 데 중요한 요소가 된다.

알려진 바로는 1700년도 북유럽 지역은 수 백 년 간 몹시 추웠었는데, 바이올린의 밑판 재질은 이 당시 생산된 균일한 나이테의 목재를 사용해야 아주 좋은 소리를 낸다고 한다. 우리가 분석하게 될 바이올린은 바로 이 시기에 만들어진 것이었기를 내심 기대하면서 소리분석을 시도했다.

먼저 두 가지 바이올린의 소리 음폭을 비교해 보았다. 바이올린은 현악기 중에서 여성의 울음소리 톤과 비슷한 악기로 기본음이 500Hz 이상을 나타내는 고음 군에 속한다. 여기서 기본음의 배음 구조는 소리의 음폭을 나타내는 기준으로, 음폭이 넓으면 선율이 맑고 쾌활하게 들린다. 2003년도에 제작한 바이올린은 배음의 구조가 8,000Hz까지 유지된 반면, 1745년산 바이올린의 배음은 이보다 2배 이상 넓게 나타나고 있었다.

다음은 바이올린 기본 톤의 평균 음폭을 측정해 보았다. 연주 시, 기본음 음폭 평균이 넓다는 것은 발생하지 말아야 할 복합 음이 나오고 있음을 나타내는 것으로 결과적으로 바이올린의 소리가 선명하지 못하고 좀 둔탁하게 들리게 된다. 스트라디바리우스의 기본음이 갖는 음폭은 최근에 제작된 바이올린에 비해 0.7배 정도로 좁고 안정적이었다.

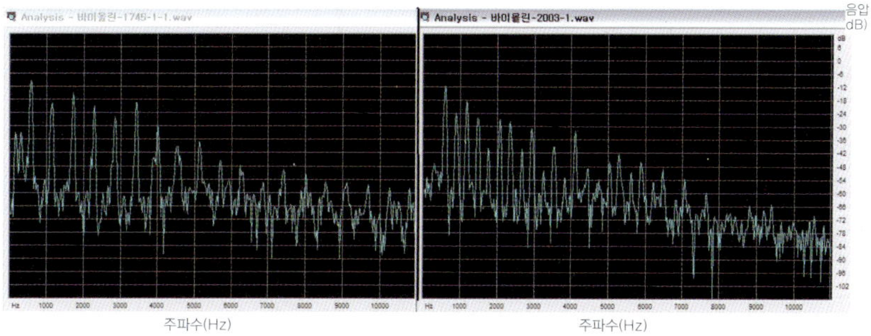

스트라디바리우스(좌)와 최근 제작된 바이올린(우) 소리의 스펙트럼 비교 ▲

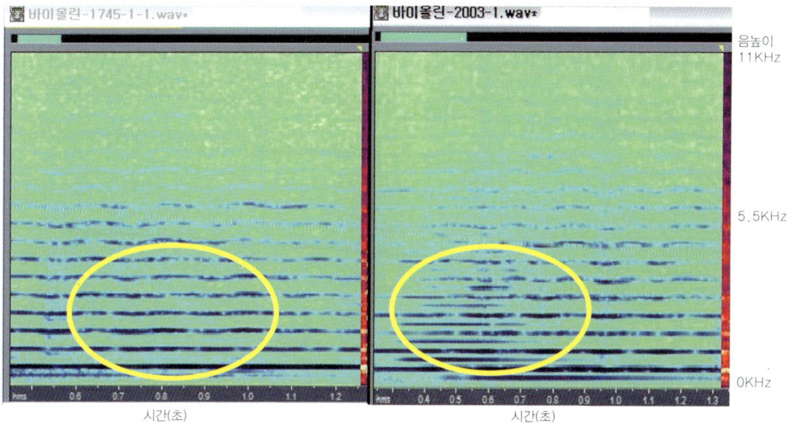

최근의 바이올린은 활의 위치에 따라 한 옥타브나 변화하는 불안정성이 나타났다 ▲

바이올린 활의 위치를 변화시켰을 때 느껴지는 음정의 안정성과 자연스러움도 분석되었다. 일반적으로 활의 위치를 바꿔가면서 음계를 표현할 수 있어야 노래연주가 가능한데, 활의 위치와 음정을 변화시킬 때 음 이탈이 발생하는가를 측정했다. 역시 스트라디바리우스는 활의 위치 변화로 인한 음계의 변화가 있을 때에도 반음이나 복합음이 발생하지 않았으나, 2003년도산은 나타나지 않아야 할 복합

음들이 많이 발생했고, 음높이별로 서로 다른 음도 나타났다.

또한, 명품 바이올린은 음계별로 배음구조가 비교적 뚜렷하고 간격이 균일하게 얻어졌다. 이것은 음계별로 소리의 선명도나 안정성이 유지된다는 의미이고, 어떤 음계로 활을 켠다 하더라도 일정하고 맑게 연주된다는 의미다. 반면 최근에 제작된 바이올린은 음계별로 배음의 구조가 균일하지 않으며, 특정 음계에서는 배음의 구조가 홀수에만 나타나는 등의 왜곡이 발생하고 있었다.

결론적으로, 1745년도에 제작된 명품 바이올린의 소리는 음높이의 균일성 · 안정성 · 자연성 등의 관점에서 볼 때, 최근에 제작된 것에 비해 아주 탁월한 소리 분석 결과를 보여주었다. 우리나라에서도 스트라디바리우스에 버금가는 명품악기가 만들어질 날이 곧 오기를 기대해 본다.

소리이야기 07

다시 살아난 유관순 열사의 목소리

소리공학연구소에서는 이미 세상을 떠난 사람들의 목소리도 재현할 수 있다고 홈페이지에 자랑했더니, MBC TV 아침방송 작가로부터 연락이 왔다. 일본의 한 방송사에서 남녀목소리 데이터베이스를 가지고 미켈란젤로와 모나리자의 목소리를 재현했다는 데, 우리나라에서도 위대한 영웅들의 목소리를 한번 재현해보자는 요청이었다. 목소리를 재현할 남녀 대상자로는 세종대왕, 이순신장군, 신사임당, 유관순열사 등과 같이 한국을 빛낸 영웅들이 거론되었다.

▲ 세종대왕의 초상화는 제한된 체형정보를 제공해 주고 있다

오래 전에 이미 세상을 떠나버려 목소리가 남아있지 않은

사람의 목소리를 재현하려면 대상자의 신체골격, 특히 발성기관이 있는 얼굴과 목의 크기와 모양을 정확히 알아야 하드웨어적인 발성 구조를 모델링할 수 있다. 따라서 거론된 대상자들을 하나하나 검토해보기로 했다. 먼저 세종대왕은 만 원짜리에도 얼굴이 잘 알려지신 분이므로 신체정보를 좀 더 자세히 구할 수 있으리라 생각하였지만, 감히 어느 어전이라고 대왕의 신장이나 몸무게를 공개적으로 노출할 수 있을 것인가? 코와 목 길이를 알고 싶어도 목 부분은 대왕이 입고 있는 어의로 꽉 막아놔서 알아볼 수가 없고, 얼굴도 앞에서 보기에는 잘 생긴 얼굴이지만, 옆모양을 알 수가 없어서 코나 목의 두께 등을 전혀 파악할 수 없었다. 따라서 세종대왕의 목소리 재현은 대왕의 신체정보를 좀 더 자세히 알게 됐을 때 시도해보기로 하고 대상에서 제외했다.

이순신장군 또한 신체구조에 대한 기록이나 흔적이 거의 없었다. 아산 현충사에 가면 좌상이 그려져 있기는 하나 광화문에 서 있는 이순신 동상과는 좀 다른 인물이미지였다. 하물며 노량해전에서 장렬한 주검을 맞이하면서도 자신의 죽음을 부하에게도 알리지 말라며 노출을 꺼렸고, 또한 군인인지라 여기저기를 돌아다녀 그 자취가 문헌으로만 전해올 뿐이어서 구체적인 신체정보를 쉽게 확보할 수 없었다. 물론 신사임당도 마찬가지여서 그 고운 자태와 행실에 대한 구술이 몇몇 문헌에서 전해오는 정도였지 구체적인 외형과 신체정보를 입수하기는 어려웠다.

한편, 유관순열사의 경우에는 서대문 형무소에 구체적인 사진 정보가 남아있었다. 아오내 장터에서 독립만세를 부르던 중 바로 옆

유관순 열사의 생가 ▲ 서대문형무소 수감 시절의 유관순열사 ▲

에서 부모님이 일제의 총칼에 쓰러지는 것을 본 유관순은 대전형무소에 수감되었다고 해서 조용하게 넘어갈 위인이 아니었다. 소란을 피웠다는 죄목으로 다시 서대문형무소로 이관되었고, 그곳에서 온갖 고초를 당할 때, 일경은 형을 집행하기 위해 유관순 열사의 정면과 측면사진을 남겼던 것이다. 기록에 의하면 유관순열사의 키는 170cm로 그 당시 여성의 체구로는 아주 큰 편이었다. 사진을 보면 유관순 열사의 얼굴은 부어있지만, 입도 크고 코도 오뚝하게 생겼으며 목도 굵은 편이어서, 맑고 우렁찬 목소리로 만세를 불렀을 것이라고 예측되었다.

목소리 재현 대상자를 유관순 열사로 정하고 난 후 구체적인 재현과정으로 들어갔다. 우선 TV 제작진들에게 유관순 열사와 신체골격이 유사한 목소리들로 이루어진 발성용 목소리 데이터베이스가 필요하니 카메라를 들고나가 길거리 캐스팅을 해달라고 요청하였다. 제작진은 동덕여대와 숭실대에 재학 중인 여학생 350여명을 대상으로 "나는 유관순이다"라는 목소리를 녹음했다. 그 중에서 유관순열사와 발성기관이 아주 유사한 15명의 목소리 후보자가 선정되었고, 이들을 소리공학연구소에 초청하여 좀 더 다양한 발성방법으로 목소리 채집을 수행하였다. 그 중에서 5명의 목소리가 가장 유사한 성문(소리지문) 특성을 나타내었고, 이들의 목소리를 통해 하드웨어적인 발성 골격구조를 모델링하였다.

목소리는 하드웨어적인 발성기관을 통해 나오지만, 발성기관의 모양을 조절하여 말투나 의미의 배열, 소리의 고저 및 장단을 조절하는 것은 소프트웨어적인 발성자의 조음능력이다. 유관순 열사의 당시 나이가 18세로 어렸으므로 고향인 충청도 말투가 남아있었을 것이다. 그리고 목소리 재현에 활용한 문장은 아오내 장터에서 만세를 부르기 전날 밤에 작성한 기도문과 서대문 형무소에서 일본 검사에게 당당하게 호통 쳤었던 법정기록문 내용이었다. 이들 문장에 대한 충청도 말투의 특성을 찾기 위해 충청도 병천과 북천에 소재한 웅변학원에서 소리를 채집했다.

지금까지의 과정을 요약하면, 유관순 열사와 하드웨어적인 발성 골격이 비슷한 여대생의 목소리에서 기본 톤을 구하고, 열사의 고향에서 채집한 충청도 말투를 사용하여 마침내 우리는 유관순 열사의 목소리를 합성할 수 있었다. 합성된 목소리는 기대했던 것처럼 맑고 우렁차고 호소력 있는 목소리이었다. 그러나 목소리를 공개하려면 먼저 검증이 필요했다. 합성된 목소리가 과연 유관순열사의 목소리가 맞는 것일까?

목소리의 검증을 위해 방송사 뉴스기자와 함께 당시에 생존하고 있었던 유관순 열사의 남동생을 찾아가 만났지만, 고령이어서 그분의 말을 잘 알아들을 수가 없었다. 그래서 수소문 끝에 역시 당시에 생존중인 유관순열사의 친구 남동순할머니를 찾았다. 할머니에게 합성된 소리를 들려줬더니 하시는 말씀이 "그래 아주 비슷하다! 관순이는 목소리가 맑고 우렁찼어!" 하시면서 그 당시를 회상하셨고, 눈물을 머금으셨다.

목소리 검증을 위해 또 다른 시도를 해보았다. 유관순 열사의 직계는 세상에 없지만, 열사의 남동생이 낳은 딸(조카)이 진천에 살고 있다는 사실이 파악되었다. 담당 PD가 찾아가서 목소리를 카메라에 담아왔는데, 목소리의 기본 톤과 말투가, 합성된 유관순 열사의 목소리와 아주 유사한 것으로 분석되었다. 이것은 유전적인 특성 상 외할머니, 엄마, 딸들의 목소리가 유사하게 얻어지는 것과 같은 이유이다.

결국 합성된 목소리는 유관순 열사의 목소리로 검증되어 유관순 기념관에 보내어졌고, 지금도 그곳에서는 관람객들에게 유관순 열사의 목소리를 들려주고 있다고 한다.

결론적으로 말하면, 고인이 된 위인들의 목소리는 신체적인 발성구조와 그 당시의 말투를 알 수 있다면 그대로 재현해 낼 수 있다. 목소리는 신체적으로 유사한 혈통을 따라 유전적으로 대물림되므로 후손의 목소리에서 고인이 되신 선조의 목소리를 찾아서 확인할 수도 있다. 따라서 우리도 먼 훗날을 위해 젊은 시절 자신의 목소리를 잘 기록하고 보존해둘 필요가 있을지도 모른다. 나중에 추억이 될 수도 있을 것이고 혹은 후손들이 나서서 선조의 목소리를 재현하고자 할 때 귀중한 발성 자료로 활용될 수도 있기 때문이다.

소리이야기 08

소리로 사물을 보는 소년

SBS TV 〈순간포착 세상에 이런 일이〉 제작팀에서 연락이 왔다. 담당 PD가 미국에서 촬영 중에 알게 되었는데, 양쪽 눈에 의안을 해서 앞을 전혀 볼 수 없는 16세 소년이 입으로 소리를 내면서 자전거도 디고 인라인스케이트도 혼자 타고 다닌다는 것이다. 그러니 우리 팀에서 그 원인을 분석해서 인터뷰해 줄 수 있겠느냐는 요청이었다. 우선 놀라지 않을 수가 없었다. 초음파 소리를 내서 사물을 구분하고 먹이를 잡아먹는 박쥐의 소리 내비게이션 원리를 사람이, 그것도 열여섯 어린 나이의 소년이 구사하고 있다는 것이다.

일반적으로 화장실이나 방에 누가 있는지를 알아보려고 할 때 손으로 문을 노크하는 충격성 소리를 내고 그 소리에 대한 응답을 기다리는 것처럼, 소년은 혀를 이용해서 공간에다 소리로 노크를 먼저 하고 그 소리가 사물에 부딪히는 울림의 차이를 귀로 받아서 사물의 위치를 파악하는, 즉 눈으로는 보지 못하는 사물을 소리로 보고 있는 것이다. 소리 내는 방식은 입안에서 혀를 입천장에 붙였다가 떼면서 내는, '떡 떡 떡' 하며 혀로 천장을 치는 클릭 소리인데 이런 소리는 소리성분으로 볼 때 넓은 음폭을 가진 충격성 소리이다. 넓은 음폭의 소리를 공간에 보내면 사물마다 고유한 형태의 소리가 반사와 공명을 일으켜 울림이 발생하고 그 소리를 듣고서 사물과의 거리나 사물의 규모, 특성을 파악할 수 있는 것이다.

소리가 방사되면 1초에 340미터를 진행하면서 사물에 부딪쳐 반사되어 오는데, 소리의 진원지와 사물간의 거리가 2미터 정도라면 소리울림이 100분의 1초 밖에는 차이가 발생하지 않는다. 그 짧은 순간의 울림소리를 귀로 파악하면서 소년은 생활공간을 보란 듯이 자유롭게 활보하고 있었다. 또한 사람 귀는 양쪽으로 들음으로써 양쪽 청감에서 나타나는 미소한 차이를 방향 파악에 활용할 수가 있는데, 소년은 다양한 높이의 사물을 쌓아놓고 몇 번 '떡 떡 떡'거리더니 쌓아둔 물체의 높이와 방향 그리고 규모를 척척 가늠하는 것이었다.

소년은 맹인견 없이도 먼 거리를 혼자 걸어서 등교하기도 하고, 길거리에서 주행하는 자동차를 요리조리 피해서 다니기도 하며, 또한 친구와 함께 격투기 비디오게임도 즐겨하는데, 비디오 게임에서 나오는 소리만 듣고도 주인공의 상태를 파악하면서 두 눈을 사용해

자동차의 후방센서는 초음파 반사음으로 사물을 탐지한다 ▼

박쥐는 초음파로 사물을 탐지한다 ▲

서 게임하는 상대방을 눌러서 승리하기도 한다. 도대체 이러한 청각 능력은 어떻게 가능한 것일까? 그것은 소년이 어렸을 때부터 어머니로부터 소리로 방향감각을 익히는 습관을 길렀기 때문이다. 선천성 시각장애를 갖고 있었던 소년은 어렸을 때 받았던 시력 복원수술에 실패하자 앞을 전혀 볼 수가 없었다. 그러자 엄마의 존재를 그리워하는 아들을 위해 엄마는 집안을 돌아다니며 일을 하는 중에도 여기저기서 혀 차는 소리를 들려주어 소년의 방향감각을 길러준 것이다.

자동차로 후진하는 경우에도 초음파 반사음 후방감지기를 사용해 보면 후방에 사물이 가까워질수록 '삐 삐 삐' 소리의 간격이 점차 좁혀져서 사각지대인 후방을 소리로 대신 보는 장치를 이용하게 된다. 자동차의 후방 센서 또한 소리로 사물을 보고 있는 것이다. 시력을 잃어버려 인간의 오감 중 나머지 네 개의 감각에만 의존하고 있는 시각장애인들도 이 소년처럼 충격성 혀 차는 소리발성법과 소리울림의 청감 판별법을 잘 익힌다면 누구나 소리로 사물을 보면서 살아갈 수 있을 것이다.

소리이야기 09

먹고 싶은 소리

추적추적 봄비가 내린다. 날씨도 썰렁하니 기분이 울적해진다. 대부분의 사람들은 봄비가 오면 마음이 차분히 가라앉는다고 한다. 나는 비오는 날이면 어렸을 때의 일이 떠오르곤 한다. 비가 내리는 소리를 들으면서 맛있게 먹었던 그 옛날의 부침개가 생각나는 것이다. 그러던 중 어느 날, 한 방송사의 유명 프로그램에서 문의를 해왔다. 예로부터 전해져오는 이야기 가운데 "비가 오면 부침개가 먹고 싶다"는 말이 있고 실제로 비가 내리는 날이면 부추지짐이나 김치전 같은 것을 부쳐 먹는 사람들이 많은데, 왜 그러냐는 문의였다.

방송사의 질문에 답을 하기 위해 여러 가지 빗소리를 녹음하고 자료를 구하다보니 다시 한 번 비의 종류가 무척 다양하다는 것을 확인할 수 있었다. 주룩주룩 쏟아지는 여름철 장맛비가 있는가 하면, 요란하게 양철지붕을 두드리는 소나기, 오는 듯 마는 듯 처마 끝에 똑똑 빗방울이 새싹처럼 솟아나는 가랑비, 추적거리는 이슬비, 을씨년스럽게 조용히 내리는 겨울비 등, 계절에 따라 비가 내리는 모습도 그 소리도 달랐다. 그렇다면 사람들은 어떤 빗소리가 들릴 때, 부침개를 떠올리게 될까?

그 비는 겨울비도 아니고, 여름 장맛비도 아니고, 싸늘한 가을비도 아니었다. 소리 녹음과는 별도로 실시한 설문 조사를 통해서 많은 사람들은 주로 봄비가 내릴 때 부침개를 먹고 싶다는 생각을 한다는 것을 알아냈다. 이슬비처럼 조용히 내리는 봄비, 처마에 떨어지는 낙숫물소리, 유리창에 들이치는 빗방울과 잔잔한 봄바람이 뒤섞인 그런 빗소리를 녹음해 분석하기 시작했다. 동시에 부침개 소리에 대한 분석도 시작했다. 기름을 부어 잘 달아오른 프라이팬에 부침개 반죽을 넣을 때의 소리, 물과 기름이 만나 치직거리며 기름 튀는 소리, 그리고 봄바람이 불면서 창문에 들이치는 빗소리를 각각 비교했다.

결과는 예상했던 대로였다. 전혀 다른 두 가지 소리에 숨어있는 소리성분은, 놀랍게도 진폭이나 주파수가 거의 유사한 성질의 것으로 나타났다. 밀가루 반죽을 프라이팬에 넣을 때의 소리는 마치 봄바람과 빗소리가 뒤섞여 처마 밑에서 떨어지는 소리와 소리성분이 아주 흡사했던 것이다. 음향전문가들조차도 사전정보가 주어지지 않으면 부침개의 기름 튀는 소리와 추적추적 내리는 빗소리를 구분하지 못할 정도로 두 소리가 아주 유사했다.

식품 광고에서 청각을 자극하는 소리효과는 쉽게 찾을 수 있다. 후루룩 거리며 국수를 먹는 소리, 청량음료의 탄산수가 새어나오는 '쏴아' 하는 소리, '뻥' 하며 맥주병 뚜껑 따는 소리와 거품 쏟아지는 소리 등등, 보는 사람들에게 먹고 싶은 충동을 일으키기 위해 광고는 청각을 잘 이용하고 있다. 이렇게 소리로 귀를 자극하게 되면, 그 소리는 우리로 하여금 맛있었던 음식에 대한 연상기억력을 회복하여 또 먹고 싶다는 의욕, 혹은 맛있을 거라는 상상력을 유발하게 된다.

봄비 오는 날이면 유난히 튀김집과 칼국수집 장사가 잘된다고 한다. 부침개의 경우와 마찬가지 이유이다. 자세히 들어보면 칼국수 끓일 때 김이 퐁퐁거리며 나는 소리가 빗소리와 유사하고, 부침개 소리와도 닮았기 때문이다. 이처럼 청각은 두뇌의 상상력을 동원해 특정한 소리로부터 생성되는 이미지들을 떠올리게 만든다. 이러한 소리와 상상 속의 이미지 관계를 잘 파악하여 맛있는 소리를 이용한 마케팅을 하면 제품 판매뿐만 아니라 우리의 건강에도 좋은 효과를 거둘 수 있다.

부침개 부칠 때 반죽이 녹으면서 기름이 튀는 소리는 봄비소리와 같은 소리성분을 보인다 ▲

소리이야기 10

1.2초의 소리 흔적

녹차재배지로 유명한 보성에서 사건담당 검사로부터 긴급전화가 걸려왔다. 살인사건에 범인으로 용의선상에 올라 조사를 받고 있는 피의자가 자신의 신술을 여러 번 번복하고 있는데, 소리자료를 증거로 채택할 수 있도록 그 내용을 입증해 달라는 성문감성 요청이었다. 한 달 전, 필자도 방송언론 매체를 통해서 보성살인사건의 내막은 대충 알고 있었지만, 구체적으로 알지 못했던 차에 담당검사로부터 자세한 사건 내막을 들을 수 있었다. 다음은 담당검사에게서 들은 내용이다.

추석 무렵 광주에 사는 남녀 대학생이 보성에 놀러왔다가 해안가를 거닐게 되었고, 고깃배를 손질하는 칠순 할아버지를 보자 비용을 조금 드리고 해안 주변을 돌아볼 수 있도록 배를 태워달라고 했다. 그들이 피의자 할아버지의 배를 타고 가던 중 인적이 드문 곳을 지나고 있었는데, 갑자기 할아버지의 성욕이 발동하였는지 혹은 의도적인 계획에 의해서인지 사건이 일어났다. 할아버지는 먼저 남학생을 밀어서 바다에 빠트렸고, 남아있는 여학생의 손을 뒤로 묶은 다음 좁은 조종실에 가둔 후 성추행을 하기 위해 좀 더 한적한 곳으로 배를 몰았다.

이때 여학생은 기지를 발휘하여 휴대폰으로 119에 전화를 시도하였다. 여학생은 4차례에 걸쳐서 매회 10여초의 기록을 남겼는데, 세 번까지는 119의 응답원이 전화를 받아도 배의 엔진소음만 들렸을 뿐 아무 소리도 나지 않자 119측에서 먼저 끊어버렸고, 마지막 네 번째는 할아버지에게 들켰는지 전화를 걸었던 여대생이 휴대폰을 끊어버렸다.

그 후에도 다른 여자 3명이 주검으로 발견되었는데, 검찰에서는 같은 사람, 즉 칠순 할아버지의 소행으로 보고 있었다. 검찰에서 추측하고 있는 사건 경위를 보면, 여자 3명이 해변을 거닐다가 할아버지의 선박을 보고 한 바퀴만 유람시켜 달라고 졸랐다. 배를 태워준 할아버지는 한적한 곳에서 성욕을 주체하지 못하고, 그 중 한명의 가슴을 만지며 추행하였다.

이때 여자들이 함께 어부할아버지에게 항의를 하기 시작하면서 몸싸움이 발생했고, 이들은 모두 바다에 빠지게 되었다. 어부할아버지는 칠순이 넘은 노인이지만 힘은 장사여서 혼자 물에서 빠져나와 배위에 올라탔고, 뒤따라 배 위로 올라오려는 여성들을 갈고리로 밀어서 바다에 수장시켜 버린 희대의 살인사건이었다.

피의자로 의심을 받던 칠순 노인은 체포되었고, 구속 상태에서 조사를 받게 되었는데, 전화를 걸어온 담당검사의 얘기로는 구속수

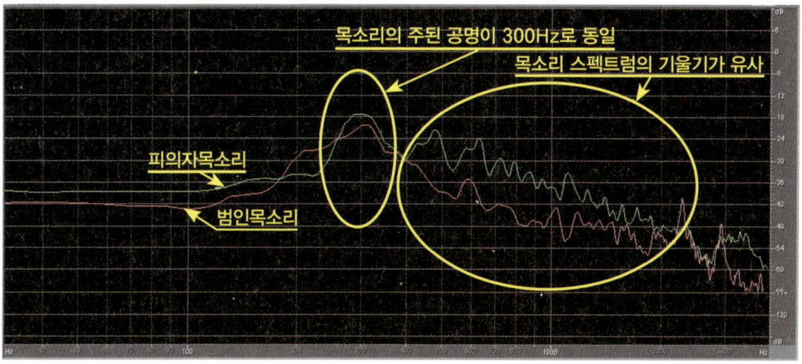

119에 걸려온 1.2초의 목소리와 피의자 목소리의 스펙트럼 비교 ▲

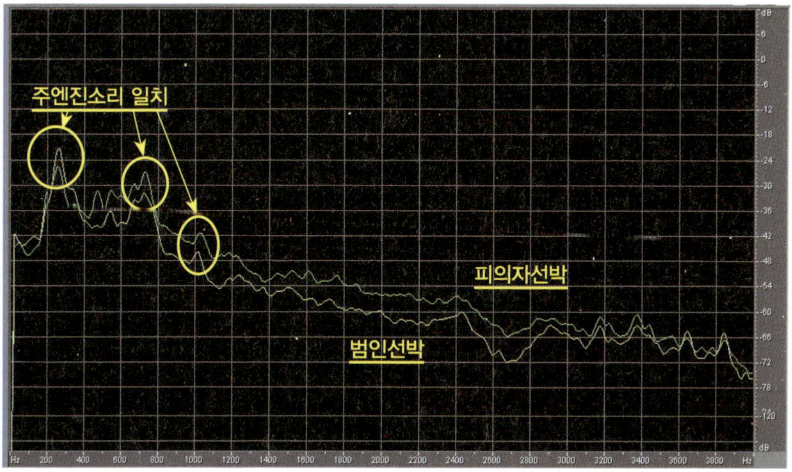

녹음된 범인의 선박과 피의자 주변 선박의 엔진소음 비교 ▲

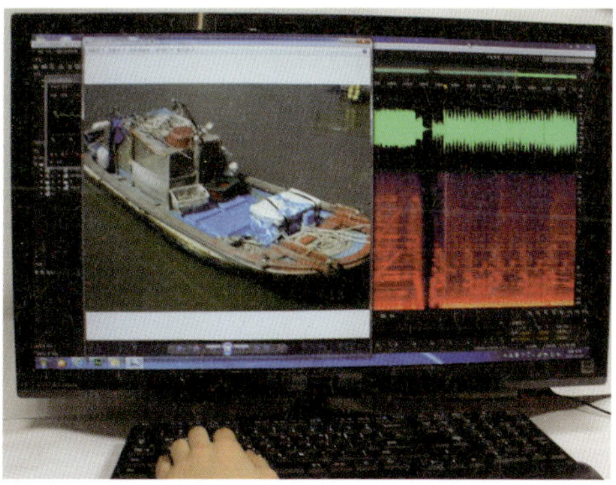

◀ 범행에 사용된 것으로 보이는 1톤 선박

사 만료일은 바로 내일이지만 일주일은 더 연장할 수 있다고 하였다. 그리고 증거를 확보하기 위해 지역수사관이 다양한 방법으로 증거수집에 주력하고 있다고 전언하였다.

칠순 어부는 처음에는 고깃배에 그들을 태워주지 않았다고 진술했다가 막상 자신의 선박에서 피해자의 머리카락이 나오자 금방 말을 바꾸었다. 태워주기는 했지만 결코 죽이지는 않았다는 것이었다. 나중에 다른 어부가 바다에서 세 여성의 것으로 추측되는 디지털 카메라를 그물로 끌어 올렸고 카메라 안에 담긴 사진을 인화해보니 할아버지의 선박을 배경으로 찍은 몇 장의 사진이 나왔다. 그래도 어부는 세 명의 여자들을 그냥 태워주기만 했었을 뿐 죽이지는 않았다고 계속 주장하고 있었다.

칠순 어부를 살인자로 기소하려면 아주 결정적인 단서가 필요했다. 여대생의 휴대폰을 통해 119에 기록된 네 번의 휴대폰 통화기록에는 몇 가지 잡음소리가 들어있었는데, 그 잡음 안에서 반드시 할아버지의 목소리를 찾아야 하고, 동시에 그 안에서 들리는 선박소리가 그 노인의 선박 엔진 음과 일치해야만 했다. 즉, 죽은 피해자의 휴대폰을 통해 노인의 목소리와 선박소리를 찾을 수 있다면 결국 살인범은 어부가 될 수밖에 없기 때문이다.

구속수사기간이 일주일 밖에 남지 않았다는 촉박함으로 인해 우리 연구팀은 밤샘을 해서라도 증거를 찾아보기로 했다. 일반적으로는 녹음된 목소리가 동일한 목소리인지 여부를 파악하려면 적어도 십분 이상의 녹음자료가 필요하지만, 119에 기록된 목소리는 잡음을 제거하고 들어보니 '어디서 무전이니?' 라는 1.2초간의 목소리뿐이었다.

1.2초의 목소리에 대한 분석을 계속하던 중 삼일 만에 결정적인 증거가 얻어졌다. 일반적으로 나이가 들수록 발성기관이 굳어지게 되므로 노인에게서는 특유의 공명음이 나타나는데, 녹음된 목소리에서 나타나는 공명은 피의자와 동일한 목소리 공명이었다. 또한 1.2초의 짧은 구간이지만, 피의자가 말할 때의 목소리를 통해 나타나는 신체구조의 발성 특성도 거의 일치하였다.

다음은 보성 부근의 해역에서 조업 중인 여러 선박들의 엔진소음을 분석하였다. 피의자 어부의 선박은 1톤 정도의 소형 선박이었는데, 인근 해역에서는 이와 비슷한 선박들을 많이 발견할 수 있었다. 선박의 엔진소음은 동일한 크기라도 연식이나 운행방식 또는 관리상태에 따라 서로 다른 소리공명이 유발되는데, 119에 기록된 네 차례의 선박소음을 분석해보니 피의자 선박의 엔진 소음과 동일한 공명음이 얻어졌다. 결국 우리는 피의자인 칠순 어부를 살인범으로 기소할 수 있는 결정적인 증거를 찾아 주었다.

그 후 재판이 진행되면서 또 다른 증거들도 많이 찾았겠지만, 1.2초의 소리증거야 말로 보성살인사건의 진실을 밝히는데 크게 기여하였고, 칠순어부는 결국 살인죄로 사형선고를 받았다고 한다.

요즘과 같은 생활환경에서는 MP3, PMP, 휴대폰 등과 같은 IT 관련기기로 소리증거를 확보하기가 아주 쉬울 뿐만 아니라 사용하기에도 편할 정도로 가까운 곳에 있다. 일반적으로 녹음된 소리는 법정

증거로 크게 활용될 수 없다고 생각하기 쉽겠지만, 결정적인 증거가 녹음된 소리밖에 없는 경우에는 소리도 귀중한 증거나 자료가 된다. 이번 보성살인사건에서도 단 1.2초의 목소리기록이 범인을 잡는 중요한 단서와 증거로 활용되었음을 볼 때 목소리 증거의 중요성을 다시 한 번 확인해볼 수 있었던 사건이었다고 하겠다.

소리이야기 11

코끼리가 한국어를 해요!

영리한 개나 고양이들은 사람의 말뜻을 알아듣고 행동할 수는 있긴 하지만, 사람 목소리를 흉내 내기는 아주 어렵다. 소리를 만들어 내는 구강구조, 성대구조, 언어인지능력 등이 사람과는 너무 다른 탓이다. 그러나 이런 상식을 뛰어넘는 예외적인 경우도 간혹 발견된다. 몇 년 전 용인 에버랜드에 있는 코끼리 사육사로부터 전화가 왔다. 자신이 관리하고 있는 코끼리인 코식이가 사람 말을 하는 것 같은데 그 발성의 원리를 밝혀 달라는 요청이었다.

코끼리가 말을 하는 것 같다는 사육사의 말이 사실이라면 이는 참으로 불가사의한 일이 아닐 수 없었다. 코끼리는 많이 놀라거나 흥분할 때만 '뿌우~'하는 소리를 낼 뿐, 평소엔 침묵 속에서 조용하게 지내는 동물이다. 물론 겉으로 보기엔 조용히 있는 것 같아도 실제로는 사람이 듣지 못하는 초저주파(20Hz 이하)로 서로 의사소통을 하고 있긴 하다.

며칠 후 사육사가 보낸 비디오영상을 보는 순간, 나는 내 귀를 의

심하지 않을 수 없었다. 정말 코끼리가 말을, 그것도 우리말 '누워', '일어나', '앉자' 등을 유창하게 구사하는 것이었다. 코식이는 이외에도 '좋아', '돌아', '안돼', '발' 등의 10가지 단어와 간단한 문구 '여기 얼짱있네' 등을 구사하고 있었다. 발음이 아주 정확하진 않았지만, 내가 듣기에 무슨 뜻인지 충분이 알 수 있을 정도였다.

코식이의 발성 모습을 분석하다가 우리는 마침내 코식이의 행동에서 특이한 점을 발견하였다. 사육사 목소리를 흉내 낼 때마다, 코식이는 그 긴 코를 입안으로 집어넣는 것이 아닌가. 마치 휘파람을 불기 위해 우리가 입술을 오므리는 것처럼, 코식이는 인간의 음 대역 소리를 내기 위해 코를 꼬거나 혹은 곧바로 입안에 밀어 넣어 바람의 흐름을 바꿔가며 코를 누르는 압력을 조절해가며 다양한 음높이를 만들어 내고 있었다. 즉, 코식이는 마치 악기를 다루듯 자신의 코를 다루면서 여러 가지 소리를 내고 있었다. 이것은 소리의 발성 과정 중 협착점과의 마찰을 통해서 소리를 생성하는 것과 마찬가지 원리인데, 우리가 '후~' 하는 바람소리를 치아 사이를 통해 내뱉으면 '츠~' 소리로 들리는 것과 같은 방식이다.

코식이의 발성에서 나타나는 성문의 주파수 성분들도 사육사의 주파수 성분과 아주 비슷했는데, 사육사의 경우 성대 기본 톤이 132Hz 였고, 코식이는 130Hz로 나타났다. 또한 목소리의 울림특성을 나타내는 공명 실험에서도 사육사가 550~2,400Hz로 나타났고, 코식이는 570~2,650Hz로 얻어졌다. 같은 의미의 발성 음으로 봐도 무방할 정도의 비슷한 수치였다. 더욱이 코식이의 발성소리와 사육사의 목소리 특성을 분석한 결과, 목소리의 유사도가 94%

코식이의 음성 스펙트럼 ▲

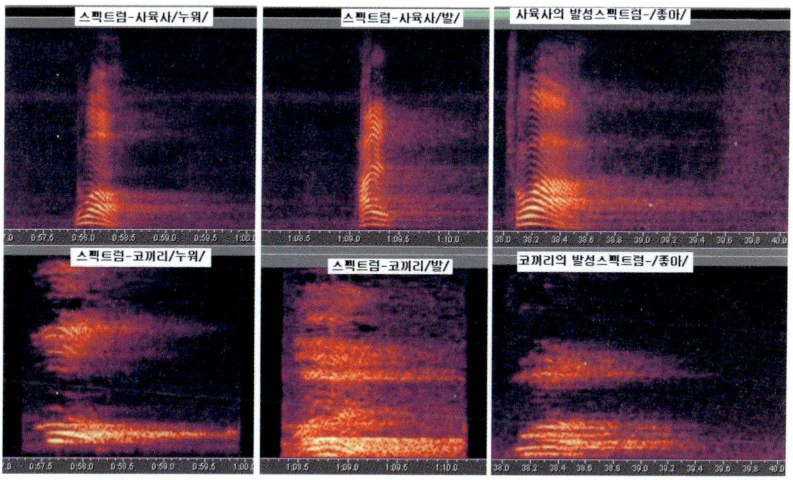

사육사와 코끼리의 발성스펙트럼 비교 ▲

수준으로 나타났다. 두 가지 소리의 유사도가 90%이상이면 그 차이점을 구분하기 힘들며 우리에게는 거의 동일인의 목소리로 들린다.

결국 코식이는 사육사가 사용하는 다양한 명령어의 뜻을 알아듣는 것은 물론 그 명령에 따라 행동했을 뿐만 아니라, 자신의 발성 영역을 넘어 사육사 목소리 톤까지 흉내 냄으로써 인간의 언어, 즉 한국어로 사육사와 대화하기를 원했던 것이다. 사실 이보다 한해 전에 발표된 네이처지 논문에서는 트럭의 엔진소리를 흉내내어 '드렁드렁' 하는 소리를 내는 아시아 코끼리가 있다고 발표하여 세계적으로 큰 반응을 불러일으킨 적이 있었다. 그러나 우리나라의 코식이는 생활 주변에서 들리는 의성어를 단순히 흉내 내는 것이 아니라 인간의 말을 한다는 것, 그리고 자신의 의도대로 언어를 구사 하면서 사육사와 대화를 원한다는 것이 이전의 말하는 동물과는 현저한 수준 차이를 보이고 있다고 할 수 있다. 무엇보다도 세계 최초로 인간의 말인 한국어를 하는 코식이가 우리나리에 살고 있다는 것 자체가 정말 자랑스럽고 놀라운 일이라 하지 않을 수 없다.

소리이야기 12

여기는 천안함!

2010년 3월 26일은 대한민국의 해군함정 천안함이 북한 어뢰에 피격되어 46명의 젊은 우리 해군들이 조국의 바다에 수장된 날이다. 그날 해풍이 심하게 불었고, 파고가 높았기에 전함에 장치된 소나(sonar)장비로는 잡음이 많아서 북한 어뢰의 접근을 감지하지 못했던 것으로 추측된다.

천안함은 피격되었으나, 그 침몰원인에 대해서는 확실한 물증을 찾지 못한 이유로 초기에는 설왕설래하던 중이었고 기괴한 소문들이 인터넷에서 팽배해진 상황이었다. 하지만 한 가지 분명한 사실은 천안함 사건 당시의 충격성 폭발음이 백령도 지진파 관측소에 뚜렷하게 잡혔다는 것이었다.

우리 소리공학연구소는 주변에서 들리는 소리를 분석하고 규명함으로써 필요에 따라 유익하게 쓰일 수 있도록, 일반 시민들의 실생활에 도움을 주는 소리를 연구하고 있다. 그러던 중 천안함의 폭발을 알리는 지진파 기록을 기상청으로부터 입수하게 되었고, 유족들뿐만 아니라 일반 국민들의 알 권리를 충족시켜 주기 위해 우리 팀은 지진파의 소리를 음향과학적으로 자세하게 분석하기 시작했다.

한편, 항간에는 천안함이 고속으로 운항하다가 백령도 남서쪽 해안에서 암초에 충돌하여 침몰한 것이라는 소문이 있었다. 그러나 지진파형에서는 그런 흔적이 전혀 나타나지 않았다. 만약 전함이 빠른 속력으로 운항하던 중에 암초에 충돌했다고 가정한다면, 지진파형에도 그 전조현상이 나타나야한다. 즉, 강력하게 표면을 스치는 마찰음향이 지진계로 잡혔어야만 하지만 전혀 나타나지 않았고, 대신 갑작스러운 폭발성 파형이 급속하게 나타나고 있었다. 따라서 전함은 좌초된 것이 아니라고 판단되었다.

또한 지진파 파형을 살펴보면 이미 언급했던 것처럼 잠잠했던 지진파가 충돌 직전에 파형진폭이 급속하게 증가하는 현상이 분석되었는데, 이러한 진폭의 급속한 변화특성은 외부폭발이 있었던 경우에 나타나는 전형적인 충격파의 형태를 띠고 있었다. 만일 선체 내부에 사전 폭발이 있었다면, 지진파의 폭발파형은 용천폭발음의 경우에서처럼 진폭의 변화가 다단계로 나타나야한다. 그 이유는 1차 내부의 폭발이 발생한 후 그 화력의 영향으로 강판을 치고나오는 2차 폭발

지진파의 추정 전달 경로 ▶

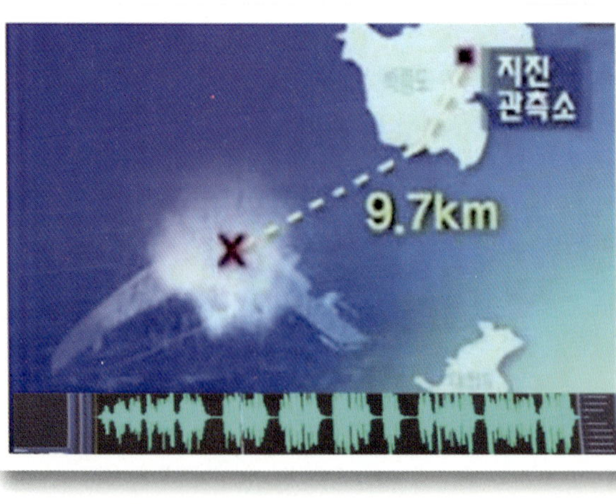

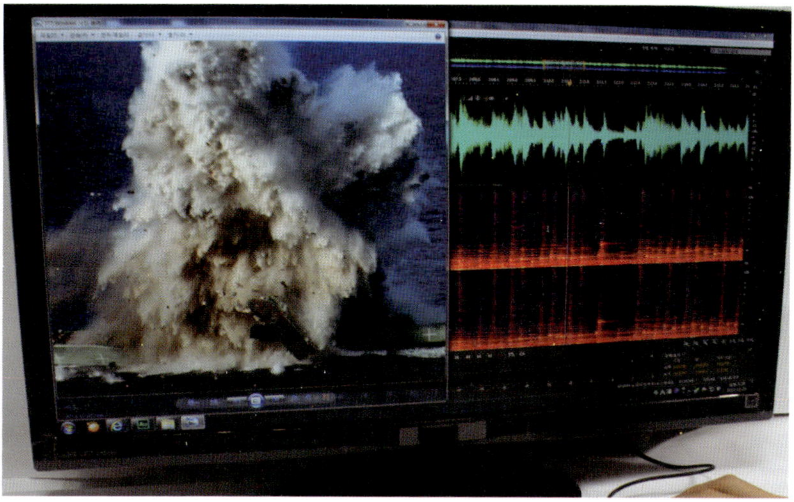

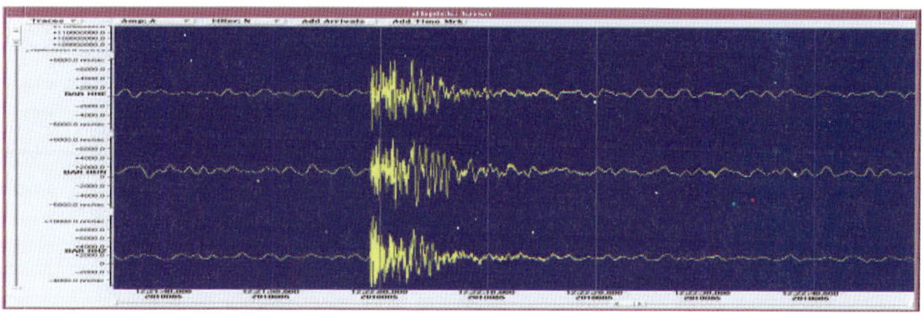

천안함 피격당시에 잡힌 지진파의 파형(위에서부터 동쪽, 북쪽, 위쪽 방향) ▲

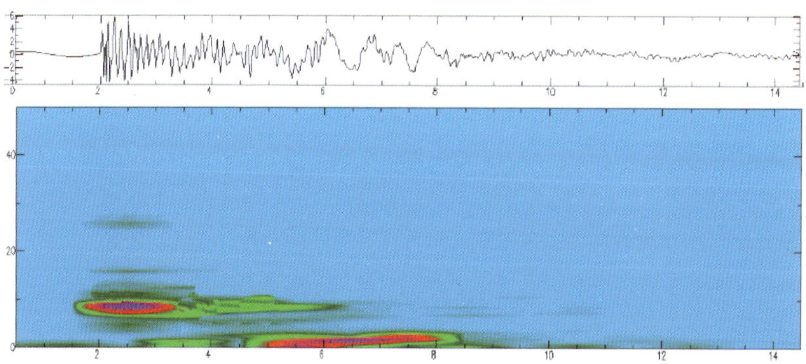

지진파의 소리스펙트럼(북쪽) ▲

이 계속 진행되기 때문에 결국 지진파의 진폭은 다단계로 증가하는 형태를 띠게 되는 것이다. 하지만, 천안함 피격 시에 나타난 지진파에서는 다단계폭발 현상이 전혀 나타나지 않았으므로 내부의 충격성 폭발음 또한 분명히 아니었다.

다음으로 천안함의 타격이 외부어뢰에 의한 것인지의 여부를 판단하기 위해 여러 자료들을 정밀 분석하였다. 어뢰가 전함에 충돌하면, 탄두에 설치된 음향감지기가 작동하면서 탄두후방 1.5m부근에서 어뢰의 화약이 폭발하게 되므로 1차 수중폭발음이 발생하게 되고, 이때 폭발의 영향이 선체를 타격하게 되거나 또는 1차폭발의 일부가 수중버블을 유발하게 된다. 이후 선체를 타격한 충격성 2차 폭발은 내부의 유류나 폭탄 등에 충격을 가하게 되면서 3차 폭발이 단계적으로 유발된다.

천안함의 지진파 파형을 보면 충격 폭발시점 이후 1.18초경에는 기뢰나 어뢰 타격 시에 나타나는 현상인 소리에너지의 갭(gab)이 나타났고, 이어서 약 2.5초간 울림폭발음이 나타났다. 이후에도 약 50여 초간 화약폭발이 지속되고 있었다. 따라서 천안함의 지진파는 외부 어뢰에 의한 강한 충격성 폭발음이라고 볼 수 있다.

이때 가장 중요한 것은 사건 당시에 백령도에 잡힌 지진파가 과연 천안함에서 온 것이 맞는지를 밝히는 것이었다. 지진파 스펙트럼을 보면 2차폭발음이 시작하는 시점에서부터 8.54Hz의 기본 주파수가 나타나고 있다. 이 고유주파수에 전달속도를 반영하면 길이가 88m로 계산되는데, 이 수치는 천안함의 선체길이와 일치한다. 전함은 강철판으로 만들어져 있기 때문에 폭발성 어뢰가 충돌하게 되면, 마치 실로폰을 채로 타격했을 때 실로폰의 진동판 길이에 따라 서로 다른 높이의 소리를 내는 것처럼 폭발음 또한 고유진동수를 발생시킨다. 즉, 외부어뢰가 함정을 타격했을 때의 상황을 천안함은 소리를 통해 백령도에 알린 것이었다.

결론적으로 우리는 지진파 데이터를 근거로 천안함의 피격 요인들을 여러 가지 자료를 통해 과학적으로 분석하고 규명해 보았다. 사건 당시 백령도에 잡힌 지진파는 천안함의 폭발을 알리는 소리였고, 이 소리는 또한 천안함이 외부 어뢰에 의해 피격되었다는 사실을 입증한 것이었다.

소리이야기 13

선거 로고송의 힘

선거철이 되면 각 정당에서는 유권자들로부터 한 표라도 더 얻기 위해 다양한 유세방법을 동원한다. 그 중에서 유권자들의 청감을 자극해서 출마자들의 이미지를 부각시키는 방법이 아주 효과가 있다고 알려져 있는데, 바로 선거 로고송을 활용하는 것이다.

일반적으로 시각을 통한 홍보전달은 유권자들이 눈을 감아버리거나 유세장을 떠나버리면 그만이지만, 소리로 만들어 내는 이미지의 경우 유권자들은 청각, 즉 귀를 닫아버릴 수가 없기 때문에, 유세장 멀리까지 지속적으로 잘 전달될 수 있다.

특히 사람들에게 잘 알려진 대중가요를 선거 로고송으로 사용한다면 유권자들의 흥을 돋우어 주면서 동시에 선거출마자들의 이미지를 노래가사로 잘 표출할 수가 있어 유세현장에서 인기를 끌고 있다.

선거 로고송으로 유권자들에게 많은 사랑을 받고 있는 음악으로는 주로 빠른 템포의 트로트음악이나 또는 활기찬 댄스뮤직이 있다.

선거유세현장에 모인 주민들 ▲

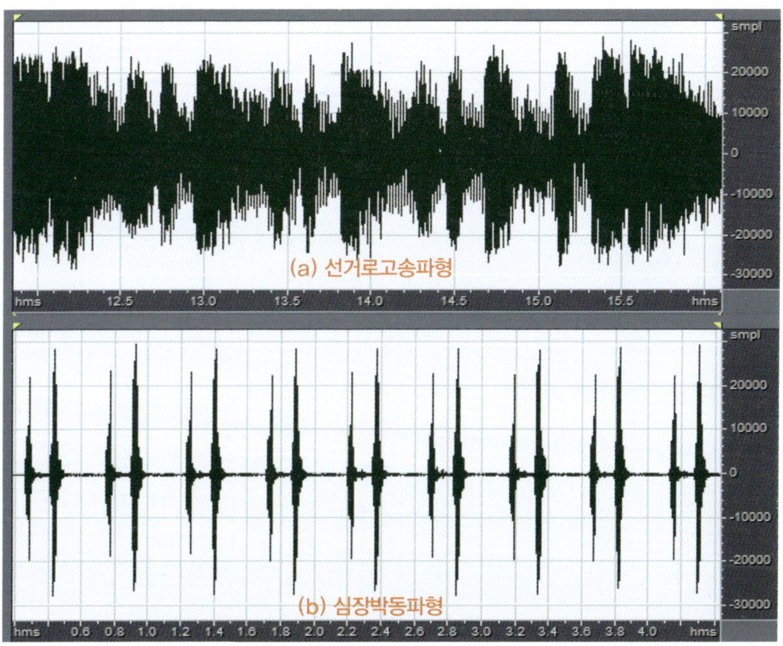

트로트 선거 로고송과 맥박주기의 파형비교 ▲

그렇다면 선거 로고송에 이러한 대중가요를 사용하게 되면 구체적으로 어떠한 효과를 볼 수 있을까? 우리는 과학적인 음향분석을 통해 선거 로고송의 힘에 대해 살펴보았다.

대중가요 트로트를 사용한 선거 로고송이 들리면 친근한 리듬에 유권자는 자신도 모르게 노래 리듬에 따라 몸을 흔들게 된다. 소음기준에서 보면 유세장에서의 소리는 80dB을 넘어서는 안 된다고 되어 있지만, 현실적으로는 로고송의 소리가 그 이상 크게 들려도 유권자들은 거부반응을 일으키거나 싫어하지 않고 친숙한 리듬에 몸을 흔들면서 오히려 가사에 귀를 기울이게 된다. 실제로 '쿵짝 쿵짝 쿵짝짝 쿵짝'을 기본으로 하는 트로트의 4박자 밴드리듬은 인체의 혈류흐름인 맥박수와 거의 일치하기 때문에 노래의 템포에 맞춰 몸을 움직여도 몸에 전혀 무리가 없고 흥겹게 따라할 수 있다.

우리의 인체는 평상시에 분당 60~80번 정도의 맥박수를 유지하지만 간단한 운동 후에는 80~120번으로 높아진다. 트로트의 템포는 분당 100~180번 정도이다. 따라서 유세장에서 트로트 선거송이 들려오면, 유권자의 귀와 신체는 트로트의 약간 빠른 템포에 동조감을 느끼면서 노래를 따라 하다보면 점차 맥동 수가 증가하여 흥겨움을 느끼게 된다.

물론 모든 트로트가 선거 로고송에 적합한 것은 아니다. 기존의 트로트는 중장년층 위주로 밴드리듬이 맞춰져 있었기 때문에 젊은층을 사로잡을 수 있는 생기발랄함과 활동성이 부족하다. 그래서 최근에는 신세대를 겨냥한 템포 빠른 트로트가 인기인 것처럼 선거로

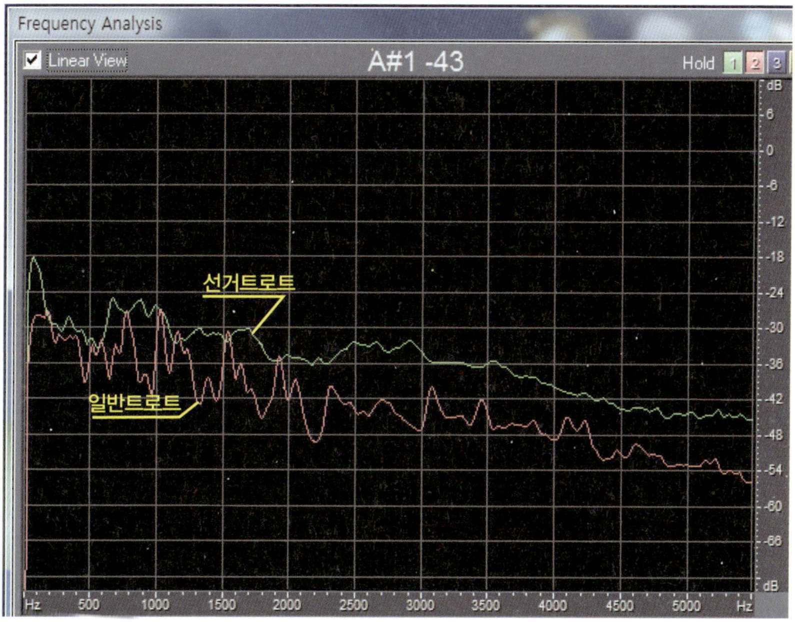

트로트 선거 로고송과 일반 트로트의 스펙트럼 비교 ▲

고송에서도 일반트로트보다 좀 더 빠른 템포의 트로트가 주로 사용되고 있다.

또한 선거 로고송은 사람이 귀로 들을 수 있는 소리의 스펙트럼을 꽉 채우도록 만들어 유권자들이 선거 로고송을 듣는 동안엔 다른 생각이 들지 않게 하는 힘이 있어야 한다. 그렇게 하려면 선거로고송에 강력한 활동성의 정열을 느끼게 하는 소리 성분이 들어있어야 하는데, 이를 위해 가수는 큰 소리로 우렁차게 노래하면서, 평소보다 리듬템포를 좀 더 빠르게 발성하게 된다. 보다 효과적인 전달을 위해 한 사람이 아닌 여러 사람이 함께 부르는 경우가 많은 것도 이 때문이다.

특히 트로트가 선거 로고송으로 각광을 받는 이유는 바로 노래의 가사전달력이 우수하다는 점이다. 대중화된 트로트 음악은 리듬이 네 박자로 반복되는 단순한 패턴으로 되어있다. 그래서 유권자들은 리듬에 크게 신경 쓰지 않고 들어도 익숙하게 여겨져 원래 가사와는 다른 로고송의 가사에 더 많은 관심을 갖게 된다.

즉, 기본적으로 밴드리듬이 '쿵짝 쿵짝' 거리면서 반복되면, 리듬에 맞춰서 구구절절 이어지는 가사가 우리의 심금을 울리게 되고 자신이 처한 상황을 연상하거나 일치시키면서 그 가사에 동조감을 느끼기도 한다. 따라서 익숙한 트로트 리듬에 낯선 새로운 선거가사를 넣어도 그 선율이 정겹고 친숙하다고 느껴지게 된다.

선거 로고송은 대중을 상대로 표를 모으는 하나의 유세방법이다. 따라서 대중가요인 트로트나 댄스뮤직에 후보의 이미지나 공약을 잘 전달하는 가사를 넣어서, 중장년층 사람들에게는 친숙함과 정겨움을 유발시키고, 동시에 우렁차고 빠른 템포를 사용하여 청년층 사람들에게는 젊음과 활동성으로 어필할 수 있도록 로고송을 제작하다면 효과적인 선거 전략이 될 수 있을 것이다.

소리이야기 14

새어 나오는 소리가 거슬린다

요즘에는 주변 어디를 가나 휴대폰, MP3, PMP, DMB 등을 휴대하고 다니는 사람들을 쉽게 볼 수 있다. 많은 사람들이 개인적으로 즐기는 음악이나 녹음내용을 듣기 위해 이어폰이나 헤드폰을 착용하고 다니고 있기 때문이다. 특히 길을 걷거나 지하철을 타보면 주변 소음을 이기기 위해 이어폰의 음량을 아주 크게 해놓고 듣는 사람들을 쉽게 만날 수 있는데, 이때 이어폰에서 새어나오는 소리가 주변사람들에겐 아주 자극적일뿐만 아니라 심한 경우에는 짜증을 유발하기도 한다.

이어폰의 소리는 사람의 귓구멍을 통해 고막에 바로 전달되도록 고안되어있다. 그러나 대부분의 이어폰들은 귀 언저리에 상처를 주지 않도록 연성의 고무를 붙이거나 이어폰의 주둥이 부분을 귀 안쪽에 끼우지 않고 걸치게 하는 등의 다양한 방법으로 만들어지기 때문에 이때 소리의 일부가 밖으로 새어 나오게 된다.

헤드폰의 경우도 귓바퀴나 머리 부분에서 헤드폰의 지지대가 힘을 받게 하고 귀 구멍을 중심으로 둥그런 쿠션이 귀와 귓바퀴를 가볍게 접촉시켜 소리가 귓구멍으로 흘러 들어가게 만들기 때문에 소리의 일부가 밖으로 새어 나오게 된다. 또한 이어폰이나 헤드폰 모두 진동판의 떨림을 원활하게 하여 넓은 음 대역이 재생될 수 있도록 귀 바깥쪽으로 작은 구멍을 뚫어 놓게 되는데, 이 틈을 통해서도 소리의 일부가 밖으로 새기도 한다.

이어폰이나 헤드폰에서 새어나오는 소리의 스펙트럼을 살펴보면 1,500Hz 이하의 부드러운 저주파 음은 거의 나타나지 않고, 6,000Hz까지의 쩌렁쩌렁한 고음의 소리만 주로 들리고 있는 것을 볼 수 있다. 특히 이어폰에서 새는 소리의 중심주파수는 3,100~3,750Hz 사이에 있는데 이러한 소리는 우리의 청감에 아주 민감한 소리이다. 인간의 귀는 3,500Hz를 기준으로 해서 저주파 음으로 낮거나 또는 고주파 음으로 높다고 느끼게 되는데 청감도 또한 3,500Hz를 기준으로 상대적으로 낮아진다. 따라서 우리의 청각 특성에 비춰볼 때, 이어폰에서 새어 나오는 소리는 멀리서 들리는 작은 소리일지라도 옆 사람에게는 아주 민감하게 방해를 주게 된다.

또한 이어폰에서 거리가 멀어짐에 따라 새는 소리의 대역폭도 점차 좁아진다. 소리의 대역폭이 좁아지게 되면 사람들은 아주 단조로운 순음의 소리로만 느끼게 되어 더 자극적인 느낌을 받게 된다. 즉, 이어폰에서 20cm 떨어졌을 때는 3,000Hz의 대역폭을 유지하지만, 이어폰에서 75cm 떨어지게 되면, 새어나오는 소리의 대역폭은 1,000Hz 이내로 크게 줄어들게 되는 것이다. 따라서 이어폰을 듣고 있는 사람으로부터 어깨 폭 거리(약 75cm) 이상 떨어져 있으면,

소리가 새는 구멍이 있는 이어폰과 헤드폰 ▲

새어나온 소리의 음폭이 가늘어지면서 소리진폭은 작지만 우리의 귀에는 아주 민감하게 들려 짜증을 유발하는 소음이 된다.

결론적으로 이어폰이나 헤드폰에서 새어나오는 소리는 주변 사람들에게 짜증을 유발하는 단순한 음으로 계속 들리게 되고, 이 소리는 귀에 아주 민감하게 작용하는 주파수 특성을 지니고 있다. 따라서 주변 사람들에게 방해를 주지 않도록 하기 위해서는 이어폰 및 헤드폰 제조업체들은 새어나오는 소리가 없도록 하는 디자인을 연구개발해야 하고, 이어폰 사용자들은 자신의 청력을 보호하고 동시에 새어나오는 소리를 최소화하기 위해 소리크기를 최대 볼륨레벨의 60% 이내로 낮춰 듣는 이어폰 사용 에티켓이 절실히 필요하다.

소리이야기 15

그날 백령도 초병이 본 것

북한 어뢰에 의해 천안함이 일순간에 폭침되고 나서 각 방송언론사와 누리꾼들 사이에서는 설왕설래 여러 가지 말들이 많았었다. 특히 국방부 민군합조단에서 과학적인 물적 증거를 찾아낸 것조차 믿을 수 없다는 풍조가 일각에서는 일어나고 있다. 합조단이 너무 서둘러서 결과를 발표했다든지 혹은 발표내용에 부분적인 하자가 있었을 때 대응방법이 서툴렀다든지 하는 이유도 있었겠지만 한편으로는 국가적 비통함에 대해 각자 나름대로 원인판단을 하고 있었는데 합조단이 여러 다른 가능성에 대한 충분한 설명없이 일방적으로 결론을 내버렸다는 실망감도 어느 정도는 기여하였을 것이다.

천안함 사건에 관련된 여러 이야기들 중 요즘 급부상하고 있는 주제 하나는 천안함 피격당시에 물기둥을 보았다는 백령도 초병의 진술에 관한 진위여부이다. 얼핏 듣기에는 초병이 물기둥을 잘못 볼 수도 있었을 텐데 뭐가 그리 중요한 일인가하고 반문할 사항인지 모른다. 그러나 한 가지 분명한 것은 초병이 그때 물기둥을 제대로 본 것

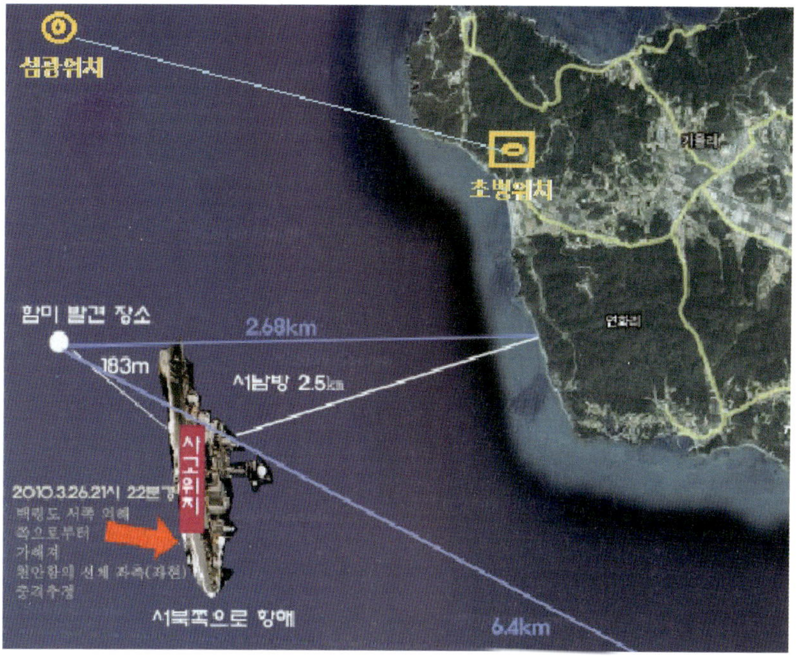

사진출처 : 다음카페

백령도 초병과 섬광의 위치 ▲

해군함정의 모습 ▲

이 사실이었다면, 천안함은 버블제트 어뢰에 의해 침몰되었다는 합조단의 발표를 재차 확인시켜주는 중요한 증거가 될 수 있다는 것이다. 이 때문에 합조단의 2차 발표에서는 초병이 목격하고 진술했었던 물기둥에 대한 관찰 내용을 인용하고 있다.

한편, 일각에서는 백령도 초병이 보았던 것은 물기둥이 솟구친 것이 아니라 하늘 저쪽에서 번뜩이는 섬광이었다고 주장하고 있다. 더구나 초병이 목격한 방향은 천안함이 위치하고 있었던 백령도 남서쪽 방향이 아닌 북서쪽 방향의 섬광이었다고 주장하고 있다. 만일 이러한 내용이 사실로 확인된다면 합조단은 또 다른 어려움에 봉착하게 된다. 우선 백령도 북서쪽에서 물기둥이 관찰되었다면 천안함의 피격 장소가 현재 알려진 위치 백령도 남서쪽이 아닌 북서쪽으로 수정되어야 하고 그렇다면 그동안 조사되고 발표되었던 모든 내용이 뒤바뀌져서 큰 혼란을 초래하게 된다.

국방부 합조단이나 누리꾼들 모두 사실 파악을 하는 과정에서 백령도 근무초병의 진술 자체에만 의존하고 있으나, 우리는 천안함 침몰 당시에 관측된 지진파를 근거로 초병의 진술을 과학적으로 검증해보기로 했다. 먼저 백령도 지진계로 관측된 인공폭발음이 과연 천안함에서 들려온 소리가 맞는 것인가에 대해 분석했다. 지진파가 천안함의 상황을 제대로 알리지 못한다면 지진파로 천안함의 피격사실을 입증할 가치 또한 없어지기 때문이었다.

지진파를 보면 사고순간에 충돌폭발음으로 8.54Hz의 공명주파수를 나타내고 있었는데, 이것은 이미 천안함 사건에 관한 글에서 언급했듯이 실로폰을 치는 것처럼 강한 충격파가 금속성 물체에 부딪쳤을 때 내는 고유의 진동현상이다. 만일 천안함 피폭현장에서 백령도 지진계까지 수면을 따라 전파되어 왔다고 가정한다면, 지진파의 공명주파수는 천안함의 길이(선장 88m)와 정확히 일치한다. 따라서 백령도 지진파 관측소에 기록된 지진파는 천안함에서 나온 소리음향파이다.

천안함이 피격된 후 지진관측소에서 관측된 지진파는 북쪽(N), 동쪽(E), 하늘(Z) 방향의 신호만 잡혔고, 그 중에서 하늘방향에서의 지진파가 가장 큰 진폭으로 잡혔는데, 이 때문에 천안함의 폭음은 동쪽도 북쪽도 아닌 남서방향이었던 것으로 포착되었다.

한편 천안함이 피격되고 나서 31.5초 후에 화약폭발성 수중 폭음이 단독으로 지진파에 잡혔다. 이 수중폭음이 나타나자 지진전문가들은 정확한 분석을 미처 하기도 전에 추측성 보도를 성급하게 내어 버리고 말았다. 즉, 천안함이 피격되어 선수와 선미가 갈라져서 선미가 수중 지표면에 닿는 소리라고 매스컴에 대대적으로 보도해 버린 것이다. 며칠 후 치료를 받고 있었던 천안함 생존 장병들의 기자회견이 있었는데, 천안함의 선미가 2분 이상 수표 면에 떠 있다가 가라앉았다는 증언이 나왔다. 수분 이상 선미가 떠있었다는데 어떻게 31.5초 만에 선미가 수중에 가라앉는 소리가 날 수 있단 말인가?

이에 대한 의문을 풀기 위해 우리는 천안함의 피격 후 31.5 초경에 나온 지진파의 특성을 조사해 보았다. 그때까지도 천안함의 함체 울림소리인 8.5Hz 근방의 소리는 계속 발생되고 있었으나, 31.5

초에 나타난 소리에는 천안함의 울림이 더 이상 나타나지 않았고, 오히려 23Hz의 화약성 폭음성분이 나왔는데 소리를 분석해보니 이 폭음은 4.5kg(약 10파운드)의 TNT용량이 폭발할 때 나오는 소리로 판단되었다. 특히 이 단독 수중폭음의 위치는 천안함의 방향과 달리 백령도 지진관측소에서 서북방향을 나타내고 있었다. 즉 지진파의 북쪽(N) 신호가 가장 우세하게 얻어졌었던 것이다.

그렇다면 이 수중폭음의 원인이 과연 무엇이란 말인가? 이제 수신된 지진파의 방향을 기준으로 당시의 상황을 재구성해보자. 천안함이 북한 어뢰에 의해 피격되자 인근에 있는 아군에게 구조를 요청하면서 아군함정들은 북쪽을 향해 항해하면서 북한 잠수함의 흔적을 쫓았을 것이고, 이때 어두움 속에서 새떼가 의심을 받았던 것으로 추측된다. 아군 함정이 백령도의 서북쪽을 향해 항해하면서 수표 면에 있었던 새떼를 향해 함포사격을 개시하였는데, 함포폭발에 의해 새떼도 많이 죽었겠지만, 바다의 수표 면이 일렁이면서 수중에 설치되어 있던 10파운드 용량의 경량기뢰에 자극이 전달되어 터져버린 것이다. 결국 이 소리가 지진파에 잡혔고, 동시에 백령도 초병은 서북방향의 기뢰폭음 섬광을 정확히 관측한 것으로 보인다.

결론적으로 천안함이 폭침될 당시의 백령도 초병은 북서방향에서 번적이는 섬광을 보았는데 백령도 지진관측소에서 관측된 지진파를 분석해 본 결과 이는 아주 정확한 관측으로 볼 수 있다. 초병이 관측한 번쩍이는 섬광은 천안함의 원흉을 찾기 위해 출격했었던 아군의 함정이 새떼를 잠수함으로 오인하면서 발사한 함포 폭음과 물속에서 터진 기뢰의 폭발 섬광으로 분석되었다.

소리이야기 16

북한 김정은의 목소리

최근 북한에서는 김일성 사망 100주년을 맞이하여 3대 세습 우상화에 한층 열을 올리고 있다. 그 중에서도 특이한 점은 김정은의 연설장면이 TV매체를 통해 처음으로 공개된 것이었다. 그동안 은둔형의 독재자로 알려졌던 김정일은 대중 앞에서 연설하는 것을 극도로 꺼렸기에 사진이나 영상 이외에는 목소리 정보나 자료가 거의 남겨져 있지 않았다.

반면, 김정은은 북한에서 국방위원회 제1위원장이라는 공식직위에 추대되자마자 세습체제를 공개적으로 정당화하고, 자신을 외부에 알리기에 열을 올리고 있다. 제일 먼저 시도된 것은 김일성과 닮았다는 외모를 부각시키기 위한 외형적인 제스처이다. 입고 있는 외투의 칼라와 모양은 물론 걸음걸이조차 김일성을 따라하는가 하면, 박수치는 손동작과 얼굴표정이 할아버지인 김일성을 그대로 모방하고 있었다.

김정은은 북한의 태양절 기념 열병식에서 처음으로 대중 앞에서

20여분 동안 연설을 하였는데, 그 모습이 왠지 불안하였고, 고개도 잘 들지 못한 채로 연설문 읽기에만 급급한 모습을 보여주었다. 목소리도 마치 책을 읽듯이 원고를 읽어 내려가는 허약한 모습으로 비춰지고 있었기에, 우리는 그 목소리의 진의를 파악해 보기로 했다.

우선 말투의 특징을 알려주는 중요한 요소들 중 하나인 말하는 속도는 1초당 평균 7.2 음절이었다. 이 속도는 조금 성급히 읽어가는 말투로 조급한 심리상태를 보이는가 했으나, 연설시작 5초까지는 약간 불안했던 연설이 이후부터는 점차 안정되면서 말하는 속도가 거의 일정하게 이어지고 있었다.

이러한 발성속도는 김일성의 1994년도 연두교시 때의 연설문 낭독과 아주 유사한 것으로, 책을 읽듯이 꾸준하게 이어지는 김일성의 말투를 오늘날 김정은이 그대로 모방하고 있음을 보여주고 있다. 다만 김일성은 80대의 나이 탓인지 연설 중간 중간에 말이 꼬이고 발음이 부정확한 곳이 많았으나, 김정은은 연설문의 내용을 정확하면서도 꼼꼼하게 발성하고 있었다.

다음은 김정은의 연설목소리에 나타난 기본 성대 톤을 분석해 보았다. 보통 남성의 목소리에서 성대 톤은 100~200Hz 범위이고, 특히 청년층은 150Hz 이상의 고음을 주로 보인다. 그런데 김정은의 성대 톤은 평균 129Hz의 중, 저음 톤을 구사하고 있었는데, 이것은 김일성이 94년도에 연설문을 낭독한 발성 톤과 아주 유사했다.

특히 목소리 성대 톤의 변화율은 발성자의 감정을 잘 표출하게 되는데, 김정은의 목소리에서는 독재자들에게서 주로 나타나는 고지식

대중 앞에 처음 공개된 김정은의 연설모습 ▲

함과 카리스마가 돋보였다. 즉, 목소리만을 분석한다면 김일성보다 더 강한 냉철함이 나타나고 있다고 볼 수 있다.

이처럼 대중 앞에 처음으로 공개된 김정은이 그 말투나 목소리 톤에서조차 김일성을 그대로 모방하려는 이유는 무엇일까? 그것은 바로 김일성의 목소리 흉내를 통해 대중들에게 김일성을 그리워하는 향수를 촉발하여 독재 3대 세습을 정당화하려는 의도를 여실히 드러낸 것이라고 생각한다.

김정은이 목소리로 김일성을 모방하려는 시도는 목소리의 공명울림에서도 나타난다. 발성기관에서의 목소리 울림을 분석해보면, 목의 길이, 목소리 연령, 입안에서의 혀 움직임, 치아 움직임 등을 알 수 있는데, 김정은은 김일성의 목소리 울림을 92%정도 흉내 내고 있었다. 즉, 30대 초반의 김정은은 80대의 김일성 목소리 연령을 흉내 내려고, 노인성 발성을 하고 있었는데, 이는 말할 때 급한 성격을 감추면서 입을 크게 벌리지 않고 점잖게 발성하였다는 의미이다.

하지만, 김정은이 아무리 김일성의 목소리를 잘 모사하려고 하여도 연령과 성격 차이에서 나타나는 한계는 극복하지는 못하였던 것으로 보인다. 연설 시에 몸동작이나 자세가 불안하게 보였던 것도 이

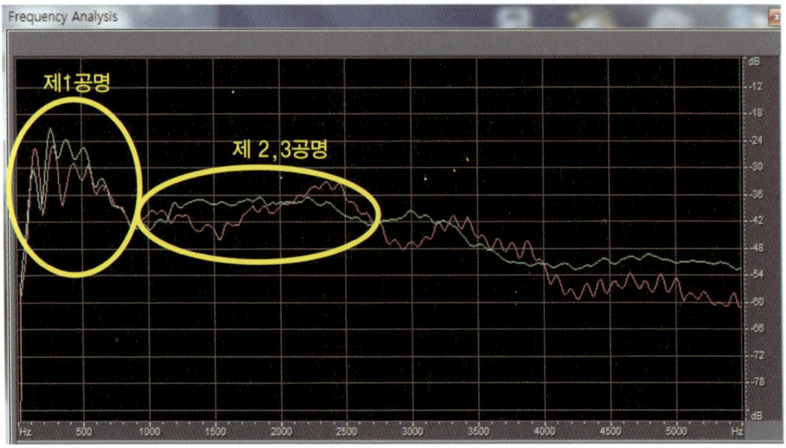

김정은(녹색)과 김일성(적색) 목소리의 스펙트럼 유사성비교 ▲

전의 김일성과 달랐지만, 목소리에서 고음의 명료성 지수에서도 김일성과 큰 차이를 보이고 있었다. 즉, 연설을 통해 대중이 느끼는 김일성과 김정은 사이의 가장 큰 차이점은 목소리에서 연륜이 느껴지지 않았고, 하나의 발음도 틀리지 않으려고 하는 까다로움과 냉철함으로 인해 오히려 정감을 느끼지 못하게 했다는 것이다.

소리이야기 17

아기가 왜 우는지 어른들은 몰라요!

어린 아기가 갑자기 자지러지게 울어대거나 칭얼대면 엄마는 당황한다. 이미 아이를 여럿 키워보지 않은 이상, 아기의 울음이 내포하고 있는 정확한 메시지를 읽을 수 없기 때문이다. 이유 없이 우는 아기는 없다. 그렇다면 아기의 특정한 울음소리엔 어떤 뜻이 담겨 있는 것일까? 우리는 외국의 사례와 우리나라 아기들의 울음소리를 비교하는 연구를 시도해본 적이 있다.

비교연구 방식은 먼저 외국에서 연구된 아기의 울음소리 유형별 분류를 기본적으로 따르되 우리나라 산부인과 병원에서 다양한 상황의 아기울음을 녹음한 후, 이를 다시 인터넷 신생아 동호회 사이트에 올려 엄마들의 검증을 통해 울음소리 유형과 이에 상응하는 상황을 일치시켜 분류하는 방식이었다.

조사 결과, 아기 울음의 형태별 유형은 외국에서의 사례와 마찬가지로 크게 5가지 정도로 나눌 수 있었다. 첫째, 몸 어딘가가 아플 때 우는 경우다. 이럴 때 울음소리는 '으아~ 으아~' 하는 소리를 내게 되고 끝부분을 흐느끼면서 울어댄다. 짧은 순간에 톤의 변화(저음-고음-저음)를 주고, 한편으로는 저음으로 길게 끌면서(0.5초 이상) 흐느끼는 듯 운다. 자기 몸의 통증을 알리는 신호다. 우는 아기의 모습을 자세히 살펴보면 얼굴을 찡그리거나 눈물을 흘리기도 한다. 이때 이마를 짚어보면 열이 있는 경우가 많다.

둘째, 뭔가 귀찮아서 울 때다. 이때의 울음소리는 '아웅~ 아웅~'처럼 들린다. 주로 첫음절 '아'에 강한 악센트를 주며, '웅~'은 약하게 소리 낸다. '아웅~' 할 때 소리의 중간부분에서 짧게(0.5초정도) 목을 억누르는 떼쓰는 소리도 들린다. 눈물을 흘리는 경우는 드물다. 아기 주변 환경을 정리하거나, 젖은 기저귀를 갈아준다거나 조용한 곳으로 장소를 옮겨주면 울음을 그친다.

셋째, 이런저런 스트레스를 받았을 때다. 어린 아기가 무슨 스트레스냐고 반문할지도 모르지만 아기도 나름대로 스트레스를 받는다.

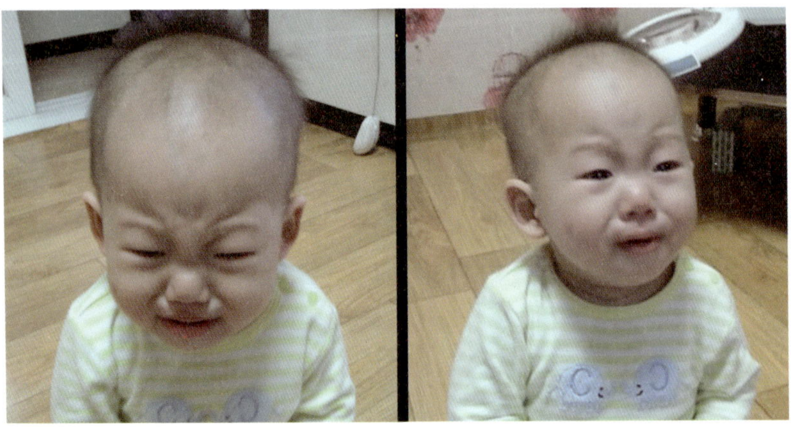

▲ 아기가 우는 모습

너무 덥거나 춥거나, 기저귀가 젖어있거나, 혹은 누워있는 자세가 불편할 경우, '으아앙~' 하면서 1초 이상 길게 떼쓰는 소리를 반복한다. 이 경우, 두 번 째 경우인 귀찮거나 뭔가를 싫어할 때와의 차이점은 소리를 좀 더 길게 유지한다는 점인데, 목을 억누르며 떼쓰는 소리가 더 길게 유지된다. 주로 엄마에게 뭔가를 요구할 때 내는 울음소리며 발버둥을 치거나 때론 눈물을 보이기도 한다.

넷째, 졸릴 때도 아기는 운다. 이때의 울음소리에는 대체적으로 힘이 없다. 우리가 흔히 말하는 칭얼대는 식이다. '으~'를 반복하거나 '으앙~' 소리를 짧게 내면서 반복하거나, 혹은 '으~'를 1초미만으로 짧게 내면서 울면, 아기가 졸립다는 의미이다. 떼를 쓰거나 칭얼대다가 울음꼬리를 가늘게 흐리며 그대로 잠드는 아기들을 여러분도 이마 본 적이 있을 것이다.

다섯째, 배가 고플 때도 아기들은 운다. 이때의 울음소리는 모든 형태의 울음소리 가운데 가장 강렬하고 적극적이다. 배가 고프다는 것은 아기 스스로에게도 심각한 일이 아닐 수 없다. 그런 탓에 요구조건이 충족될 때까지 줄기차게 '응애~ 응애~' 하고 울어댄다. '응애~'라고 울 때 '응'은 짧게 '애~'는 길게 지속하면서 울면 배고프다는 의미이다. 이때 소리의 음정을 지속하게 되므로 별 변화 없이 같은 음정으로 1초 이상을 운다. 다른 상황에서의 울음소리와는 분명한 차이를 보인다.

결론적으로 말하자면, 아기울음소리는 과학적으로 분석해볼 때 국적과 인종을 초월하는 공통성을 띠고 있는 것으로 나타났다. 아기들은 선천적으로 자기 의사표현을 할 수 있는 능력을 갖고 태어나며 가장 먼저 습득하는 의사표현방법은 바로 울음소리이다. 아기의 울음은 고통이나 혹은 슬픔 등의 본능적인 감정 표출을 위한 신체적인 현상에서 더 나아가 언어를 할 줄 모르는 아기가 의사표현을 하고자 하는 수단으로 어른들은 이해해야 한다.

명창의 득음 4관문

명창이란 판소리나 민요 등, 우리 소리를 빼어나게 잘하는 사람에게 붙여주는 우리 국악계만의 별칭이다. 명창이 되려면 득음의 경지에 이르러야 하는데 득음을 이루기 위해선 '목구멍에서 피를 세 번 토할 정도로 노력해야 한다.'고 전해지고 있다. 사실 노래 솜씨란, 아름답고 탁 트인 목소리에다 음정과 박자, 기교가 어우러지면 충분할 것이다. 그럼에도 '피를 세 번 토해야 한다.'는 것은 무엇 때문일까?

판소리는 2003년, 유네스코의 무형유산 걸작으로 선정된 일종의 솔로 오페라이다. 판소리는 노래와 대사가 쉼 없이 반복되며 무엇보다 완창을 하는데 무려 서너시간 동안 줄기차게 소리를 내야 하는, 정말 엄청난 에너지와 다양한 목소리를 필요로 한다. 이 때문에 명창들의 소리 훈련과정인 득음을 위해서는 다음 네 가지 단계를 거친다고 한다.

첫째, 영화 〈서편제〉에서도 그런 장면이 나오지만, 산속 계곡 폭포 아래서 소리를 내는 훈련이 그것이다. 모든 소리성분을 포함하고 있는 폭포 소리를 뚫고 자신의 목소리가 뻗어 나갈 수 있어야 1단계 관문을 통과한다는 것이다. 우렁찬 폭포수의 백색소음을 뚫고 자신의 목소리를 전달하려면 얼마나 크고 또렷해야 할까. 이 과정을 통해 일단 엄청난 음량을 갖출 수 있게 된다.

둘째 단계는 동굴에서의 훈련이다. 건조한 동굴 안에서는 모든 소리가 울린다. 동굴의 흙이나 바위벽 등이 고르지 못한 탓에 소리의 난반사가 발생하기 때문이다. 이는 마치 목욕탕에서의 소리울림과 유사하다.

메아리 효과 때문에 음량은 목소리보다 크게 들리지만 소리가 뒤섞여 윙윙거리기 때문에 무슨 소리인지 알아듣기 힘들다. 따라서 반복되는 훈련을 통해 마침내 동굴의 울림을 극복하고 목구멍에서 공명을 잘 일으켜 섬세하고 명료한 소리를 뽑아낼 수 있을 때, 명창의 두 번째 관문을 통과한 셈이 된다.

다만 우리 주변의 산하에는 동굴이 별로 없었기 때문에 선조들은 시골의 토담집을 대신 활용하였다. 토담집의 실내구조는 규칙적이지 못하여 흙이 보일 정도로 울퉁불퉁하였고, 여기 저기 지지대가 삐져나와있기에 소리의 난반사를 불러일으켜서 동굴에서의 소리울림을 잘 대체할 수가 있었다. 얼핏 보기에는 술상이 차려진 허술한 주막으로 보일지라도 소리의 반사특성을 고려한 울림현상이 두드러지는 잔향실로 사용하기에는 손색이 없었으므로 자신의 소리가 뚜렷하게 울려 퍼지도록 목청을 다듬는 훈련을 할 수 있었으리라 짐작해본다.

셋째, 명창이 되려면 갖가지 소음 속에서도 자신의 목소리가 또

명창의 득음 훈련 장소들 ▲

명창의 판소리 한마당 공연 장면 ▲

렷하게 들리도록 훈련해야 한다. 〈서편제〉에서 보면, 왁자지껄한 시골장터에서 소리를 하는 대목이 나온다. 처음엔 사람들의 시선을 끌지 못하지만, 어느 순간부터 한 가닥 선율이 시장의 온갖 소음을 뚫고 뻗어 나온다. 장사치들의 호객소리, 다툼, 동물울음, 자동차 소리 등등, 다양한 소리가 뒤섞인 소음을 유색잡음이라 하는데, 명창이 되려면 이 모든 소리를 극복하고 독창적인 소리를 낼 수 있어야 한다.

넷째 관문은 해변이나 들판 같은 광활한 곳에서의 훈련이다. 벌판이나 평지에서는 소리가 초라해진다. 소리가 부딪혀 되돌아오는 반향이 없기 때문이다. 파도소리가 끊이지 않는 해변이 특히 그렇다. 벌판에 바람이라도 불어대면 소리가 흩어지게 된다. 그런 어려운 조건에서도 자신의 목소리를 또렷하게 낼 수 있을 때, 그는 명창이 되기 위한 가장 어려운 마지막 관문을 통과하게 된다.

명창이 되기 위한 득음의 4단계. 옛 소리꾼들은 무심코 이런 과정을 밟아왔는지 모르겠지만, 소리의 특성을 감안할 때 모든 훈련과정이 무척 치밀하고 과학적이라는 점에서 놀라지 않을 수 없다. 따라서 우리는 판소리를 들을 때마다 수많은 명창들을 일궈낸 선조들의 남다른 소리 철학에 감탄하곤 한다.

온몸으로 연주하기

특수한 형태의 악기들을 연주하면서 퍼포먼스를 구사하는 한 악단의 단장이 소리공학연구소를 방문하였다. 우연한 기회에 우리 연구팀이 만든 온몸악기 연주방송을 보았었는데 그것을 자신들의 퍼포먼스에 활용할 수 있도록 우리에게 기술지원을 요청하러 온 것이었다.

온몸 악기란, 사람의 인체는 70% 이상이 수분이라는 것과 여기에 전류가 잘 통하는 소금과 같은 염분이 수분에 녹아있다는 특징을 이용해서 인체를 악기로 사용하는 방법이다. 인체에 무해한 적은 양의 전류가 흐르는 금속 봉을 통해서 인체에 전류를 흘려보내고, 전류가 닿는 신체부위의 면적이나 압력 등에 따라서 달라지는 변화를 측정하여 이를 음계 소리로 들려주는 간단한 장치를 하면 인체는 악기가 되는 것이다.

음계의 소리는 단순한 악기음으로, 연주자가 상대의 신체부위에 손을 대면 그에 해당하는 소리의 음정을 듣게 된다. 이때 악기음의 음높이를 연주자 스스로가 음감을 찾아 접촉의 강도를 잘 맞추면서 연주하면 되는데, 그야말로 노출된 온 몸을 악기의 건반으로 사용하는 방법이라고 할 수 있다.

인체 악기 퍼포먼스를 구상하던 중에 온몸연주를 좀 더 실감 있게 진행하는 내용이 UCC에서 소개되었다. 실내에 전기가 흐르는 페인트로 바닥에 음표그림을 그려놓고 연주자가 여기저기에 있는 바닥그림의 음표를 밟으면서, 또는 음표를 밟고 있는 사람들의 신체를 잡거나 손바닥으로 스치면서 입체적으로 연주하는 방식이었다.

즉, 전류가 통하는 페인트를 사람이 발로 밟고 서있으면 역시 전류가 신체를 통해 전달된다는 원리이므로 온몸연주의 원리와 유사하였다. 그 후 이 동영상을 본 EBS TV 〈원더풀 사이언스〉 방송팀이 좀 더 생동감 있는 재연을 원하기에 우리는 무대바닥에 온몸연주 악기장치를 설치해서 기술지원해 주기도 하였다.

온몸악기를 여러 가지 방법으로 연주하다보니 전류가 흐르는 소재는 우리에게는 모두 악기건반이 되었다. 그 중에서도 배추, 무, 오이, 양파 등의 야채들은 인체를 대신하여 악기건반이 되었는데, 야채에 손이 닿는 면적이나 혹은 압력에 따라서 음계소리가 다르게 발생하는 원리를 이용하는 것이다. 야채 외에도 부피와 모양을 가지면서 수분과 염분이 자연스럽게 녹아있는 참외, 수박, 토마토 등의 과일도 악기건반으로 사용할 수 있었다.

그러나 문제는 정확하게 음계를 잡아 연주를 잘 해줄 수 있는 악기연주자를 찾는 것이었다. 야채나 신체의 부위를 음표가 없는 악기

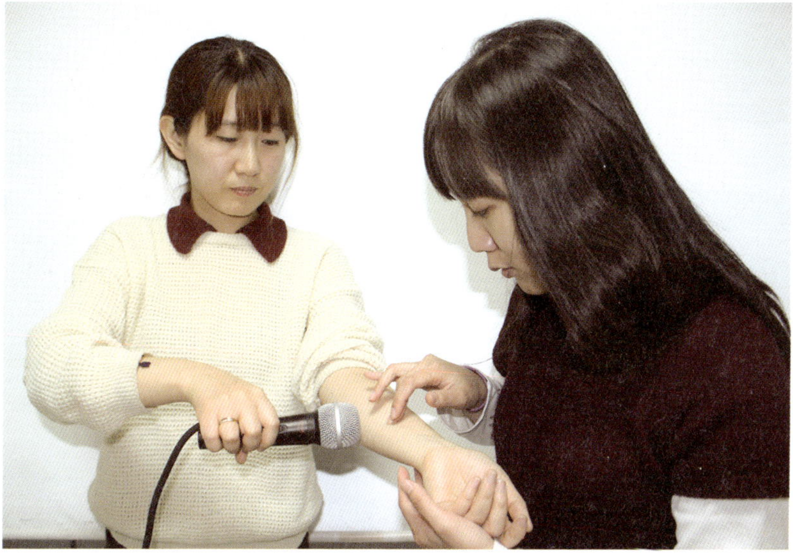

온 몸을 악기로 사용하여 연주하는 장면 ▲

건반으로 보고 연주하려면, 건반이 있는 피아노나 실로폰과 같은 타악기 연주자가 아닌 그야말로 활의 위치나 손의 압력만으로도 음정을 잡아서 연주할 수 있는 바이올린 연주자가 적격이라는 생각이 들었다.

그래서 유명한 한 사립대학교 음대에 전화를 걸어 바이올린연주자를 소개 받았다. 바이올린으로 석사학위를 수료한 분이었는데 몇 번 연습해 보더니만 역시 타고난 음감과 소질이 있었는지 온몸연주나 야채연주를 아주 잘해 주었다. 역시 무슨 일이던지 분야별로 해당 전문가가 필요하다는 것이 입증된 셈이다. 우리는 그와 함께 퓨전음악단을 구성하였고, 한때는 아침, 저녁으로 다양한 방송채널에서 온몸과 야채로 연주회를 개최하여 인기를 얻기도 하였다.

야채로 연주하는 모습 ▲

이전에는 세상에 알려지지 않았던 새로운 온몸연주악기를 우리 연구팀이 만들어 방송을 통해 소개를 하니 시청자들은 사람의 신체가 악기건반으로 사용된다는 점에서 아주 신선하고 또한 호기심 가질만한 재미있는 악기라고 호평을 해주었던 것이다. 그 이후 유튜브나 외신채널에서도 이런 비슷한 악기연주의 동영상들이 자주 올라오고 있는 모습을 보면서 새로운 아이디어는 언제 어디서나 사람들의 인정을 받을 수 있다는 것을 새삼 느끼게 된다.

온몸 연주에 쓰이는 야채와 과일들 ▲

TV와 소리 이야기

SBS TV 〈놀라운 대회 스타킹 280회〉

세계 최초 모든 것으로 연주하다

실제 연주가 가능한지?

소리공학연구소 오케스트라 등장!

몸에 전류가 흐른다?!

전기 충격!

음식 오케스트라가
과학 발전에 어떤 영향을 미치는지?

틀을 깨는 도전!

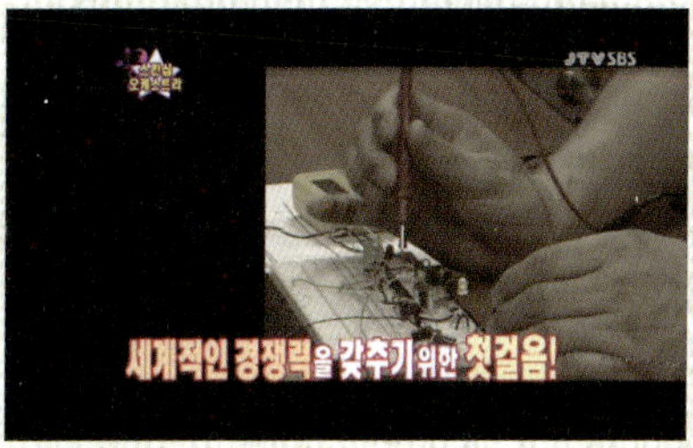
세계적인 경쟁력을 갖추기 위한 첫걸음!

일상생활에서 시작되는 과학의 즐거움!

탄소로 이루어진 연필!

연필심에서 소리가!

우선 그림을 그려야!

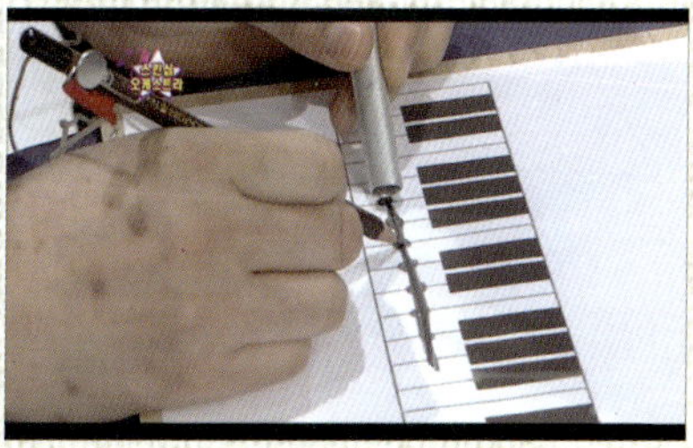

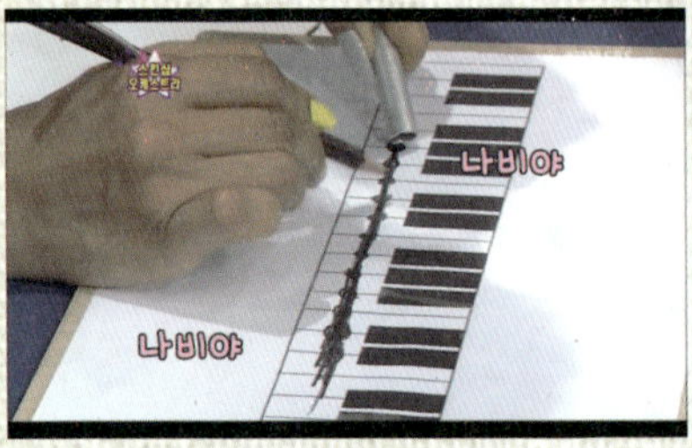
나비야
나비야

도레미파솔라시

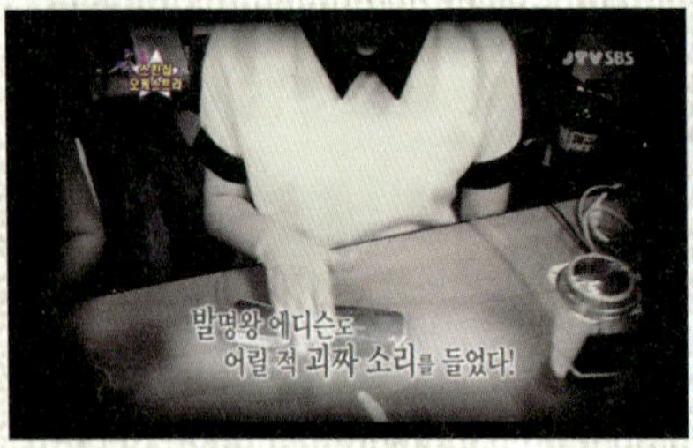
발명왕 에디슨도
어릴 적 괴짜 소리를 들었다!

도전과 역경이 있었기에 가능한 연주!

스킨십 오케스트라

소리이야기 20

모기가 싫어하는 소리

무더운 여름에 고단한 우리의 몸을 괴롭히는 것이 모기이다. 모기는 인체의 피를 빨아먹고 여기저기 병원균을 옮기기 때문에 모기를 잡거나 퇴치하는 다양한 방법이 실용적으로 쓰이고 있다. 우선 모기장을 쳐서 애초에 모기의 침입을 차단하는 방법이 좋겠으나 사람의 행동 또한 모기장 안에서만 이루어져야하는 제약이 따르는 불편함이 있다.

일반적으로 살충제 약을 뿌리거나 연기를 피우는 방법을 쓰는데, 모기 잡으려다 사람이 연기에 질식될 가능성도 있다. 무색무취의 모기향을 사용하여 모기도 없애고 실내에서 맘 편하게 잘 수도 있겠으나, 이러한 방법은 야외에서 사용하기가 어렵다. 그래서 최근에는 모기가 싫어하는 소리를 내어 모기를 퇴치하는 기술이 개발되었다.

사람에 비해 청각의 규모가 작고 크기 또한 적은 동물들은 초음파를 잘 듣는다. 그래서 사람은 듣지 못하지만 해충들에게는 시끄러운 소리를 내어서 바퀴벌레나 개미 같은 해충을 쫓아버리는 방법을 쓰는 것으로, 마켓에 가면 초음파 해충 퇴치기를 쉽게 구할 수 있다. 보통 사람이 듣지 못하는 초음파의 소리는 20kHz 이상의 주파수를 말하는데, 이러한 고주파 음은 간혹 신생아나 유아들이 들을 수도 있기 때문에 해충 퇴치기를 집안에서 사용할 때는 조심해야 한다.

한때는 소리로 모기를 퇴치하는 방법이 휴대폰에서도 크게 활용되었다. 야외에서 활동할 경우 모기가 싫어하는 소리를 휴대폰으로 틀어주는 방법인데, 인체의 피를 빠는 모기는 주로 암컷모기이며 한번 교미한 암컷모기는 더 이상 수컷모기를 원하지 않는다는 사실에 주목한 원리로 수컷모기의 날개 짓 소리를 틀어놓으면 피를 빠는 암컷모기는 싫어서 도망을 간다는 것이다.

소리를 내는 모기의 종류에는 도심에 살고 있는 빨간 집모기와 농촌에 살고 있는 이집트 숲 모기가 있다. 수컷모기의 날개 짓하는 소리 또한 서식환경에 따라 제각각 다른데, 도심모기는 350Hz, 농촌모기는 300Hz, 어촌모기는 500Hz 등으로 서로 다른 소리를 낸다. 모기가 접근했다는 것을 우리가 아는 방법은 '부우웅~'거리는 바로 이 날개 짓 소리가 있기 때문이다.

앞에서 말한, 모기의 습성을 이용한 소리 퇴치 아이디어도 몇 가지 한계를 보인다. 처녀 암컷모기는 수컷모기의 소리를 좋아해서 적어도 한번은 인체를 공격한다는 점과 수컷모기의 날개 짓 소리는 지역별로 서로 다르기 때문에 암컷 모기에게 다양한 소리를 들려줘야만 한다는 점이다. 또한 암컷모기에게 소리를 들려주려면 수컷모기의 날개 짓 소리를 사람도 같이 들어야 하는데 이 소리는 사람의 귀에는 아주 신경이 쓰일 만큼 거친 소리이다.

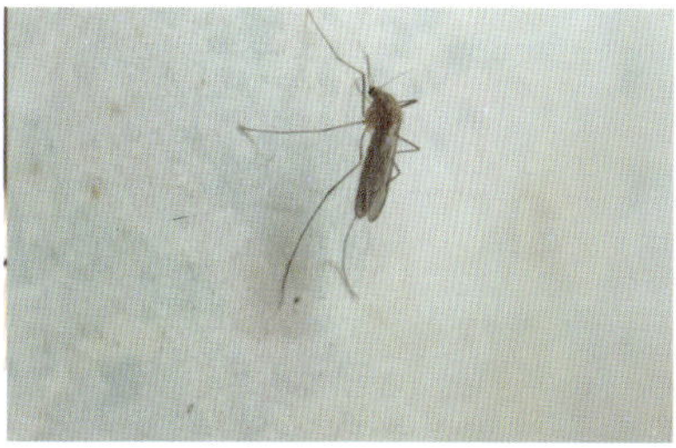
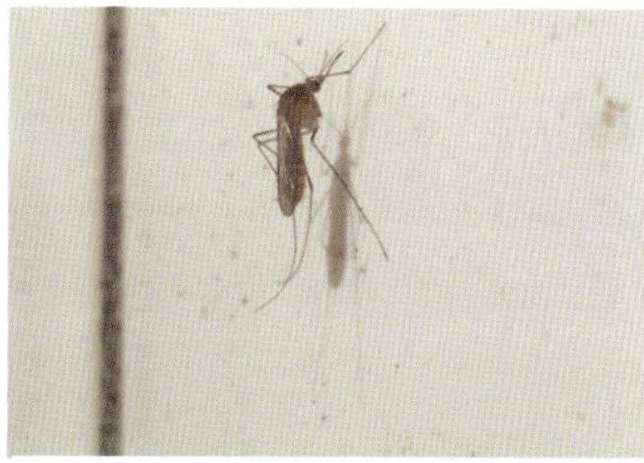

여름이면 사람들을 괴롭히는 모기 ▲

모기의 천적들(잠자리, 미꾸라지, 박쥐) ▲

최근에는 모기가 싫어하는 소리의 습성을 좀 더 효과적으로 이용한 다른 방법이 개발되었다. 먼저 모기는 자신을 잡아먹는 천적의 소리를 싫어해서 천적이 내는 소리와 비슷한 소리가 들리면 미동도 하지 않거나, 혹은 그 소리가 들리지 않는 쪽으로 빠르게 도망가 버린다.

잠자리는 날아 다니는 모기를 잡아먹는 모기의 천적으로 알려져 있다. 또한 모기는 '스스스'거리는 잠자리의 날개소리(4,500~5,500Hz)를 싫어한다. 그래서 이 소리를 틀어놓으면, 모기의 천적인 잠자리가 나타난 것으로 오인하여 도망가거나 죽은 시늉을 하게 되고, 인체를 적극적으로 공격하지 못하게 된다. 이때 잠자리의 날개 짓 소리는 상대적으로 넓은 음폭의 고음이라서 바람 부는 소리 정도를 내므로 사람 귀에는 덜 자극적이다.

또 다른 모기의 천적으로는 박쥐가 있다. 박쥐는 동굴에 서식하지만, 밤이 되면 풀숲에 사는 모기나 벌레를 잡아먹고 살아간다. 박쥐는 모기와 같은 먹이를 잡기위해 초음파를 쏘게 되는데 우리가 듣지 못하는 20kHz이상의 주파수에서 넓은 음폭의 소리를 쏘면서 먹이나 사물을 구분하게 된다. 모기는 박쥐가 내는 넓은 음폭의 초음파 소리를 천적의 소리로 감지하기 때문에 이러한 소리가 나면 활동을 중지하거나 도망쳐버린다. 따라서 스마트폰이나 휴대폰에서 사용할 수 있도록 넓은 음폭의 초음파를 발생하여 모기를 퇴치하는 응용프로그램이 많이 개발되어 있다.

이처럼 인체의 피를 빨고 병균을 감염시키는 모기를 퇴치하기 위해 다양한 방법들이 실용화된 결과, 그 중에서도 모기가 싫어하는 소리를 스마트폰이나 휴대폰에서 구현하게 되면, 여름철에도 모기 때문에 불편할 일 없이 아무런 유해성도 없는 쾌적한 환경을 유지할 수 있게 된다.

소리이야기 21

스트레스 유발하는 층간소음

도시에서 생활하다 보면 주변의 환경소음에 영향을 받게 마련이다. 그 중에서도 최근에는 의식주를 해결하는 주택에서의 주거환경소음, 특히 층간소음이 큰 골치 거리로 대두되고 있다. 국민의 반 이상이 도심에 몰려있는 우리나라의 인구 동향 특성 상, 도시의 좁은 땅에 많은 집을 지어야 하기 때문에 아파트나 연립주택은 계속 증가되고 있으며, 또한 이들 공동주택은 점차 고층화되고 있는 추세이다.

아파트가 고층화 될수록 층간은 점차 좁아지고, 건축자재 또한 가벼워지기 마련이어서, 층간소음이 쉽게 유발될 수밖에 없다. 층간소음을 방지하기 위해서는 무엇보다도 건축을 할 때 층간소음이 최소화되도록 규격화된 정량의 흡음재료와 규정된 층간시공을 통해 층간소음이 최소화되도록 건축하는 것이 바람직하다.

그러나 아무리 잘 지어놓은 아파트라고 할지라도 입주민들이 서로 조심하지 않으면 층간소음은 발생하기 마련이다. 화장실 배기구는 꼭대기에서 아래층까지 전체가 하나로 연결되어서 특정한 층에서 물 받는 소리나 혹은 물 내리는 소리가 이 통로를 통해 전달되기도 한다. 어느 집에서든 벽에 못을 박아보면 알 수 있지만 같은 라인(통로)에 있는 아파트 전체가 콘크리트와 철근으로 연결되어서 위아래 집에서 '쾅쾅'하고 못 박는 소리가 전달되어 울리게 된다. 이러다 보니 아파트의 입주민들은 층간소음에 쉽게 노출되면서 피해사례가 빈번히 속출하고 있다. 층간소음은 두통이나 경련을 일으키기도 하고, 심한 스트레스로 두려움을 느끼게 만들기도 한다. 어떤 임산부는 층간소음에 시달리다가 유산되었다거나, 층간소음으로 인해 이웃 간에 원수가 되었다거나 말다툼이 일어나서 결국에는 폭력을 부르는 화근이 되었다는 사례도 많이 볼 수 있다.

층간소음도 소리의 한 부류라고 한다면 왜 아파트의 옆집에서 들리는 소음은 별로 영향을 끼치지 않는 것일까? 그리고 층간소음이 들릴 때는 창문을 닫아버리면 들리지 않을 것 같은데, 그럼에도 층간소음의 피해를 호소하는 이유는 무엇 때문일까? 그것은 바로 층간소음이 50Hz이하의 저주파로 이루어져 있고, 저주파 소리에는 특별한 전달특성이 있기 때문이다.

고층화 및 경량화 되고 있는 주거환경 ▲

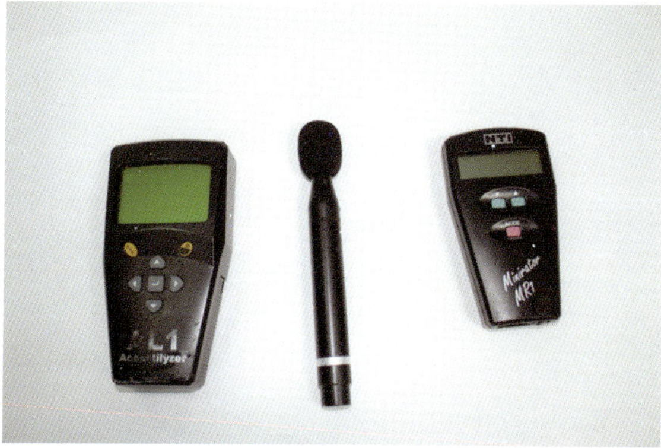

◀ 휴대용 소음측정기들

층간소음에는 가벼운 막대기가 바닥에 떨어지거나 사람의 발자국 소리가 아래층에 전달되는 등의 경량소음이 있고, 탁자나 가구 등이 바닥에 끌리는 소리가 소음으로 전달되는 중량소음이 있다. 일부 고주파 소음도 공기를 타고 창문이나 공간을 통해 울리면서 전달되지만 위 아래층의 창문을 닫아버리면 공기 중의 소리는 대부분 차단되어 들리지 않는다. 대부분의 충격음은 바닥이나 벽의 콘크리트나 철근을 타고 위층이나 아래층에 전달되는데 전달경로에서 특히 저주파음만 크게 전달된다. 벽이나 천정을 타고 전달된 저주파 음은 거실이나 방안에서 울리기 때문에 더 크게 느껴지는 것이다.

50Hz이하의 저주파 음은 사람의 귀보다는 신체나 촉감을 자극하는 소리이다. 이 때문에 소음측정기로 층간소음을 측정할 때는 귀로 들리는 청각 위주의 소리측정 dBA방식보다는 저주파를 측정하는 dBC 방식으로 측정해야만 그 크기를 제대로 알 수 있다. 한편, 층간소음이 왜 스트레스를 유발하는 것일까에 대한 답도 저주파 음의 특성에서 찾을 수 있다. 귀로 들리는 소리는 창문을 닫아버리면 그

만이지만, 저주파 소음은 귀로도 일부 들리지만 그보다는 주로 사람의 신체나 촉감을 자극하기 때문에 머리나 가슴으로 느끼게 된다. 실제로 남녀노소 10명의 실험 군에게 50Hz이하의 저주파소음을 10평 크기의 실내에서 음압 80dB 크기로 5분 정도 틀어주었을 때, 6명이 어지러움 증을 느꼈고, 그중 4명은 가슴 울림 증도 호소하였다.

층간소음은 언제 발생할지도 모르는 불규칙한 소음이고 충격적으로 발생하기 때문에 더 두렵다고들 한다. 예기치 않게 층간소음이 발생하면 마치 가슴을 압박하는 듯한 저주파 소음이 스트레스를 유발한다. 차라리 천둥번개 소리처럼 귀에 잘 들린다면, 원인을 규명할 수 있건만, 준비 안 된 상태에서 '웩~' 하는 구토증과 함께 가슴을 짓누르는 불쾌감이 찾아왔으나, 충격음이라서 소음계로도 잘 측정할 수 없이 사라져 버리고, 또 언제 나타날지도 모르는 두려움 때문에 불안해하기도 한다.

요약하면, 층간 소음은 준비 안 된 상태에서 불규칙하게 그리고 충격적으로 발생하는 저주파 소음이며 이 저주파 소음은 귀로 들리기 보다는 가슴이나 신체를 자극하기 때문에 아주 두렵고 불안한 소음이라서 스트레스를 유발하게 된다. 아파트가 지어진 이상 층간 소음을 구조적으로 경감시키기는 어려우므로, 아파트 입주민 스스로가 층간소음이 일어나지 않도록 주의할 필요가 있다. 바닥에 양탄자나 쿠션을 깔고, 가구나 피아노 등의 다리에는 고무와 같은 흡음재료를 끼우고, 다닐 때는 큰 소리가 나지 않도록 노력하여 서로를 배려하면서 더불어 사는 에티켓이 필요하다.

소리이야기 22

목소리도 닮아요!

금슬이 좋은 부부는 서로가 닮는다고 한다. 살다보면 행동도 비슷해지고 생각도 비슷해지고 목소리도 비슷해지기 때문이다. 또한 형제자매나 부자 또는 모자간에도 닮은 점이 많은데 얼굴 외형도 비슷하지만 목소리도 비슷하여 착각하는 경우가 자주 발생한다. 서로 닮은 사람들끼리는 마음이 통하여 매사에 밀접한 교류를 통한 이해와 협력이 가능하다.

목소리는 사람의 마음, 즉 뇌에서 출발하여 조음기관을 통해 발성된다는 원리에 착안해서 우리는 목소리를 통해 마음을 읽는 연구를 수행하였다. 즉, 사람이 살아가면서 구축한 나름대로의 생활방식과 독특한 성격이 목소리에서 나타나는데, 함께 살고 있는 두 사람의 목소리를 측정하여 비슷한 점을 찾아낸 후 실생활에 활용할 수 있는 목소리 친화도 판별기를 세계최초로 만든 것이다.

사람의 목소리는 성대의 떨림과 구강이나 비강에서의 공명현상에 의해 발생한다. 성대의 떨림은 허파에 모인 공기를 내뿜을 때 공기를 여닫는 작용을 하지만 기분상태에 따라 그 변화가 다르다. 또한 기분상태에 따라 입을 크게 또는 작게 벌리거나 혀의 놀림을 다르게 하기 때문에 공명현상도 다르게 얻어진다. 목소리에서 공명현상을 분석해보면 현재의 기분상태와 성격을 파악할 수 있고, 성대 떨림의 정도와 변화를 분석해보면 발성자의 성격이나 개성을 파악할 수 있다.

목소리 친화도판별기는 동일한 문장을 부부에게 읽게 한 후 문장에 나타난 각각의 목소리 특성을 분석하여 부부간의 금슬을 백분율로 수치화하여 알려준다. 350쌍의 부부목소리 데이터베이스를 근거로 분석한 결과 목소리의 친화도가 90%를 넘으면 잉꼬부부라고 볼 수 있다. 그리고 80%가 넘으면 좋은 편이고, 60% 이하로 나타나면 별거할 정도로 부부 사이가 나쁘다는 것을 통계적인 기준으로 잡았다.

문장을 발성하면, 조음기관인 턱, 혀, 치아, 입술 등의 변화는 음성파형에서 진폭 모양의 변화로 나타난다. 이러한 파형변화는 시간이 지나면서 천천히 곡선을 이루며 나타난다. 이때 진폭의 변화를 분석하면 발성자의 입 크기, 목 굵기와 길이 등의 신체정보도 간접적으로 파악할 수 있다.

한편, 목소리의 성문스펙트럼을 짧은 시간마다 측정하여 비교하면 목소리 친화도를 판별할 수 있게 된다. 이 스펙트럼은 신체구조뿐만 아니라 평소의 생활습관, 성격 등을 규명할 수 있을 만큼 풍부한 자료를 제공한다. 실제로 금슬이 아주 좋은 결혼 22년차의 부부에 대해 성문스펙트럼을 비교해 보니 주파수별 성문의 밝기가 아주 유사하였는데, 친화도 측정결과 95.4%로 나타났다.

사진출처 : MBC TV 〈모닝쇼〉 사진 캡션

얼굴과 목소리가 모두 닮은 잉꼬부부 (결혼 43년차와 5년차 부부) ▲

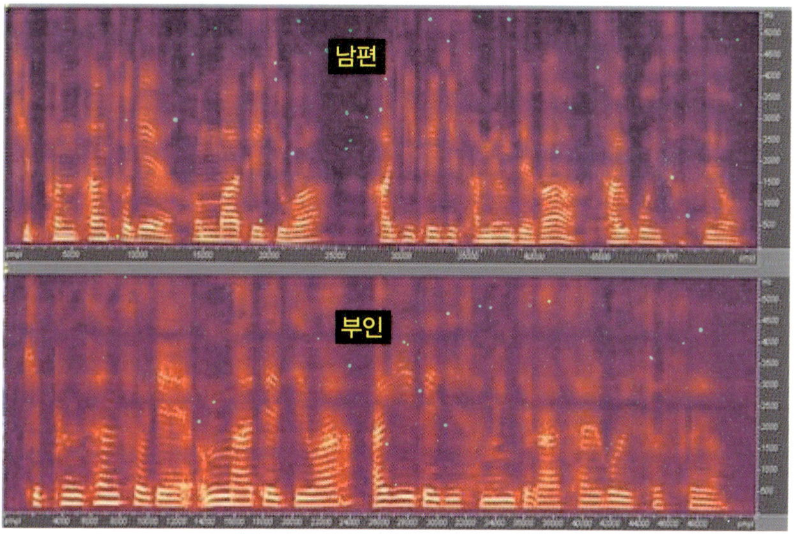

결혼 22년차 잉꼬부부의 목소리스펙트럼 비교 ▲

결혼한 지 1년 지난 어느 부부의 경우에는 친화도 측정결과, 64.1% 정도로 낮게 나왔는데 실제로 부부 관계가 별로 좋지 않았다. 남편의 공명주파수 영역은 300~2,800Hz로 넓게 퍼져있는 반면, 부인의 성문스펙트럼은 200~1,800Hz로 좁은 대역을 차지하

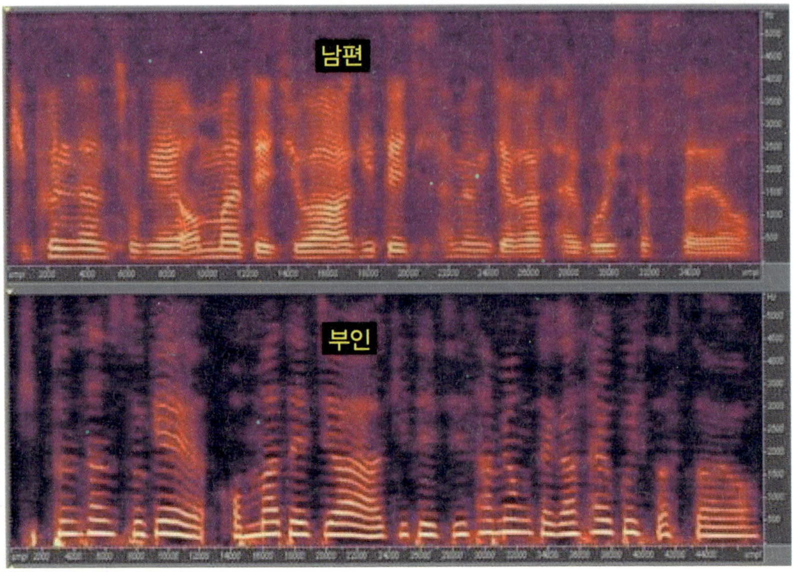

불협화음이 있는 결혼 1.5년차 부부의 목소리스펙트럼 비교 ▲

고 있었다. 두 사람의 생활습관이나 성격이 목소리에서조차 서로 다르게 나타나서 목소리 친화도가 낮게 얻어진 것으로, 교감을 나누기 위한 서로의 노력이 절실히 필요한 경우이다.

목소리 친화도 판별기는 부부뿐만 아니라 가족 간의 친화정도를 알아보는 시스템이기도 하다. 부자, 부녀, 모자, 모녀, 자매, 형제 간에도 어느 정도로 마음이 합치되는 가를 백분율의 수치로 나타내어 준다. 특히 결혼을 앞둔 예비 신랑신부에게 친화성을 비교해주면 앞으로 어떤 노력을 하면서 살아야 잘 살게 되는지를 막연한 추측이나 점성술이 아닌 과학적 분석과 실감나는 수치로 알려줄 수 있게 된다.

반면 미혼자나 청춘남녀들에게는 현재 우리가 보유하고 있는 남녀 목소리 데이터베이스에서 친밀하게 화합할 수 있는 배우자의 목소리를 찾아서 들려주는 기술이 활용될 수 있다. 남자가 발성하면 그 발성에 잘 어울리는 여자의 목소리를, 여자가 발성하면 남자의 목소리를 찾아서 들려주게 되는데, 실험에 참여한 400여명의 대학생들에게 이상적인 배우자의 목소리를 찾아서 들려주자 97.4% 이상의 참여자들이 자신들이 들은 목소리가 가슴에 와 닿는 좋은 목소리라고 응답하였다.

정리하면, 목소리 친화도 판별기는 목소리의 특성에서 나타나는 음운/운율 정보를 분석하여 서로의 마음이 얼마나 일치하는지 수치로 나타냄으로써 친화도를 판단하는 소리분석 장치이다. 이 기술은 남녀노소를 불문하여 상호 관계를 향상시키고 더 나아가 사회 전반적인 분위기 또한 개선할 수 있도록 도와주며 동시에 어떤 언어를 사용하든 상관없이 실생활에 응용할 수 있으므로 전 세계인의 화목과 친교에도 폭넓게 활용될 수 있을 것으로 기대된다.

소리이야기 23

사람목소리로 다시 구현한 에밀레종소리

국립경주박물관에 가면 입구우측에 우뚝하게 서서 우리를 반갑게 맞아주는 것이 성덕대왕신종 일명 에밀레종이다. 에밀레종은 성덕대왕의 공적을 기리기 위해 34년 동안 제작한 것으로, 771년에 완성한 세계적인 문화유산 중 하나이다. 외형도 미려하고 산처럼 우뚝 솟았지만, 그 종소리도 웅장하면서 섬세하고 아름답다. 그곳에 가면 오전 10시에서 오후 4시까지 2시간 단위로 녹음된 에밀레종소리를 들려준다.

에밀레종소리는 범종이 갖출 수 있는 세가지의 특성을 모두 갖추고 있다. 종소리에서는 끊어질 듯 이어지는 맥놀이 현상이 나타나고, 아이가 엄마를 찾는 듯 애끊는 소리가 들리며, 정감이 가면서 심금을 울리는 소리가 어우러져서 들린다.

에밀레종소리의 주파수성분은 64Hz, 168Hz, 360Hz, 477Hz 등으로 구성되어 있는데, 64Hz의 성분은 공기 중에서보다는 땅을 통해서 전파되고, 또 사람의 귀보다는 피부나 신체로 잘 흡

국립경주박물관에 걸려있는 성덕대왕신종 일명 에밀레종 ▲

수된다. 종에서부터 수십 미터 떨어진 곳에서는 168Hz 이상의 주파수성분이 주로 들리게 되는데, 특히 168Hz의 소리는 중년 남성의 성대 떨림 주파수와 유사하기 때문에 심금을 울리는 소리의 기본음이 된다.

우리가 평소에 말을 하게 되면, 성대가 진동하고 목구멍과 입을 통해 음파가 공기 중으로 빠져 나가게 된다. 한편 성대의 진동은 갈비뼈로 쌓여진 주요 장기에 전달되는데, 우리가 말을 할 때마다 목소리의 기본주파수로 가슴에 진동을 계속 가하게 되므로 점차 그 진동주기에 익숙하게 된다. 만일 사람의 목소리 진동주파수와 비슷한 소리가 종에서 들리게 되면, 그 소리에서 친근감과 다정함을 느끼게 되는데, 이러한 소리가 바로 우리의 심금을 울리는 소리이다.

에밀레종소리에서 들리는 중년남성의 목소리 톤이 우리의 심금을 울린다면, 그 반대로 우리는 인간의 목소리를 통해 종소리를 재현하는 것도 가능하리라 보고 이 새로운 목종소리 기술을 연구하게 되었다. 사람마다 발성하는 목소리 톤이 다르고, 발음마다 공명 주파수 톤이 서로 다르다. 따라서 목종소리는 고유한 개성을 가지면서 동시에 그 안에 녹아있는 자신만의 종소리를 들을 수 있을 것이다.

사람이 '아에이오우'라고 발성을 하면 여기서 목소리의 공명주파수가 가장 낮은 '이' 음을 추출한다. '이~' 음성의 파형성분을 30초 이상 단순 반복시키고, 약 7Hz와 13Hz의 주파수로 진폭변조를 한다. 이렇게 변조된 신호를 들어보면 '이~' 하는 떨림이 느껴진다. 여기에 에밀레종소리에서 나타나는 맥놀이 진폭변화를 추가하고, 소리의 첫 부분에 당목의 타격 음을 씌우면 드디어 사람의 목소리로 만든 에밀레 목종소리가 된다.

목종소리의 파형과 스펙트럼을 살펴보면, 타종 시에 첫 타격 음이 0.5초간 나타났고, 3.5초까지 복합 음이 얻어졌으며, 15초까지 3초의 맥놀이를 일으키면서 긴 여운이 남아있도록 설계되었다. 또 다른 남성의 목소리로 목종소리를 설계한 것을 보면, 성대 떨림 주파수가 비교적 높은 170Hz였으나, 3초 주기의 맥놀이와 15초의 긴 여운이 느껴지도록 설계된 것은 기존의 에밀레종소리와 유사하였다.

목종소리를 남녀 대학생 150명(남자 120명, 여자 30명)에게 들려주고, 종소리의 느낌을 설문하였다. 98.7%의 학생이 종소리가 자연스럽다고 응답하였고, 84.7%가 종소리에서 친근감을 느낀다고 대답했다.

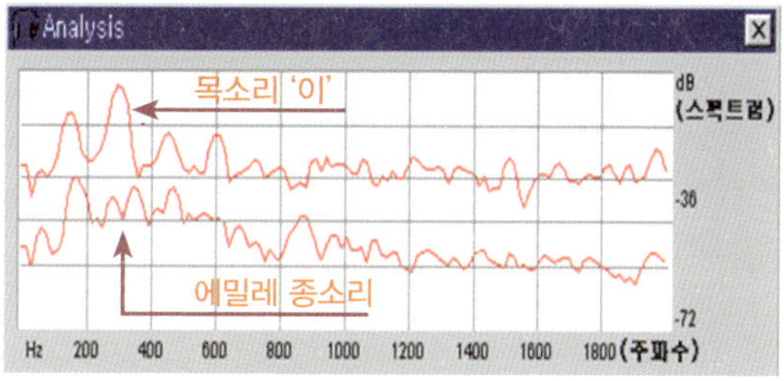

에밀레종소리와 목소리 '이'의 스펙트럼 비교 ▲

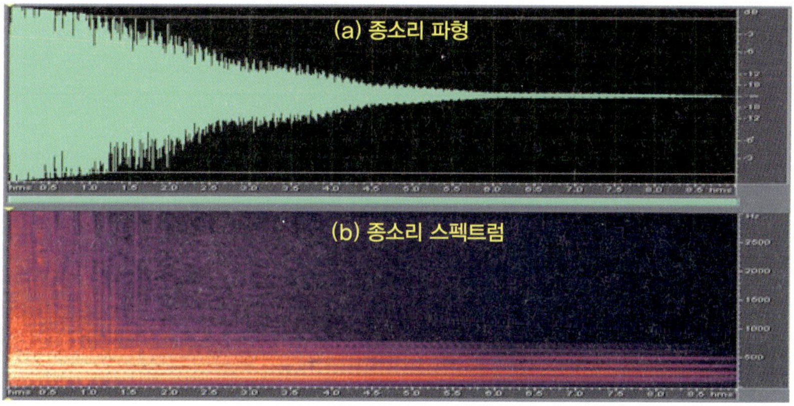

에밀레종소리의 파형과 스펙트럼 ▲

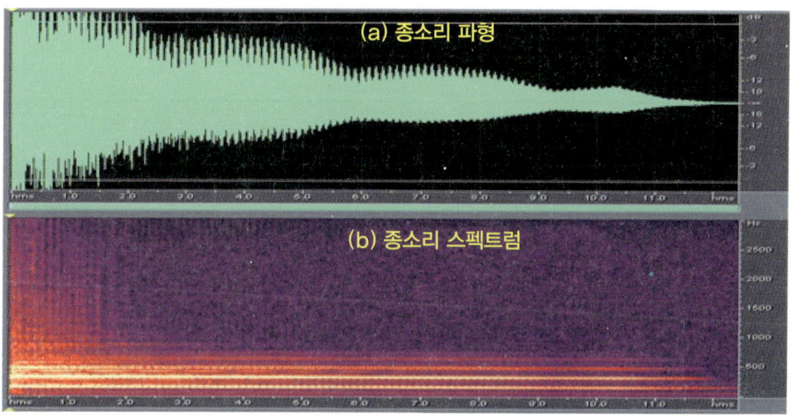

사람의 목소리로 다시 만든 에밀레목종소리의 파형과 스펙트럼 ▲

요약하면, 우리는 사람의 목소리로 에밀레종소리를 재현하는 목종소리 구현에 대해 알아보았다. 목종소리의 품평 결과 기존의 에밀레종소리와 구분할 수 없을 정도의 정감과 친근감이 느껴진다고 하였다. 이로써 우리는 1,300년 전에 이미 빼어난 종소리를 만들어 낼 수 있었다는 문화민족으로서의 자부심을 다시 구현한 세계 최초 목종소리를 통해 새삼 재확인하는 계기를 마련하였다.

소리이야기 24

비명소리를 내지 마세요!

어두운 골목길이나 외진 곳을 걷다보면 예기치 않게 위기의 상황에 처할 수도 있다. 이때 필요한 것이 호신용 기구들이다. 호신용 기구들은 그 종류가 아주 다양하지만 사용이 간편하고 휴대하기 쉬는 것들이 인기가 좋은 편이다. 특히 소리를 발생시켜 주변사람들에게 현재의 위기상황을 알리면서 구조를 요청하는 호신용 경보기가 많이 사용되고 있다.

치한이 다가오면 심리적으로 위축되어 어찌할 바를 모르게 되고, 온몸이 경직되면서 목소리가 잘나오지 않게 된다. 즉, 큰 소리로 '사람 살려!'라고 하던지, 또는 '도와주세요!'라고 해야 할 텐데, 도무지 입이 떨어지지 않고, 말이 나오지 않으며 설사 말이 나오더라도 힘없이 떨리거나 갈라져서 발음이 잘되지 않는다고 한다. 그래서 잘 안 나오는 목소리 대신 소리를 내는 호신용 경보기를 사용하여 주변사람에게 알려서 위기 상황에서 탈출을 시도하게 되는 것이다.

호신용 경보기에서 나오는 소리는 주변 사람 귀에 잘 들릴 수 있

시중에는 다양한 호신용 경보기들이 판매되고 있다 ▲

도록 90dB 이상의 소리를 사용하고, 쉽게 사용할 수 있도록 핀을 당기거나 작동단추를 누르게 되어있다. 사용하는 소리의 주파수도 사람 귀에 잘 들릴 수 있는 2kHz~4kHz 사이의 톤을 사용하고 있고, 사람의 귀에 좀더 자극을 주기위해 음높이가 반복적으로 변하는 사이렌 톤을 사용한다.

이러한 경보음이 발생하면 주변사람들이 과연 구조신호로 알아듣고 빨리 도와줄 것인가? 먼저 호신용 경보기를 작동시켰을 때, 소리가 커서 고막이 찢어질 듯한 고통을 느끼고, 동시에 소리가 너무 잘 들려서 거꾸로 두려움을 느끼게 되는 것은 바로 위기상황에 처한 피해자이다. 호신용 기구에서 발생하는 소리는 크기가 크지만, 음 높이가 높아서 가볍게 느껴지고, 저음이 없어서 소리의 무게감이나 안정감이 없고 또한 멀리 퍼지지 않는다. 즉, '삐리릭~' 거리는 경보기

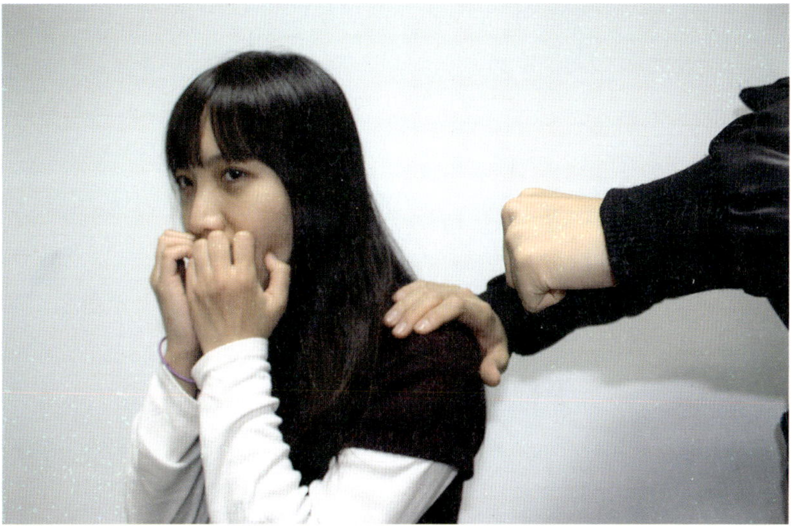

위기상황에 몰린 여성이 비명을 지른다 ▲

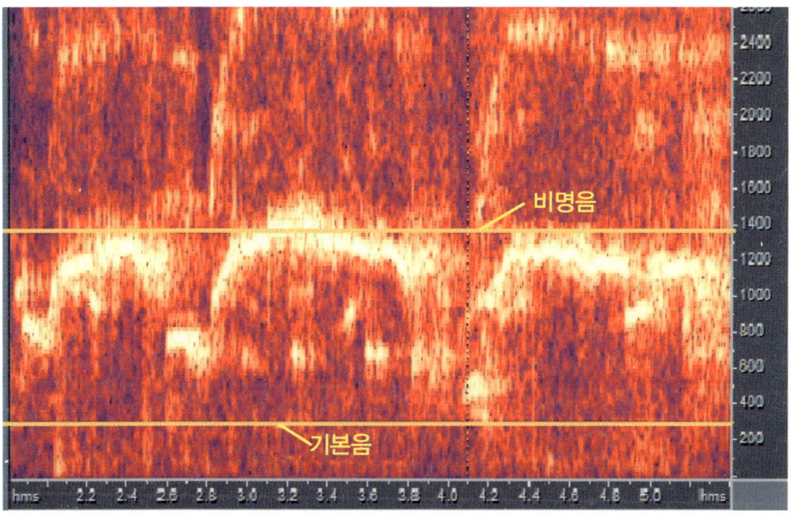

비명소리는 평음에 비해 3~5배 고음이다 ▲

의 사이렌소리가 피해자의 주변에만 머무르게 되어, 그 소리에 겁먹고 더 두려움에 놀라는 것은 다름아닌 구조 요청자일 뿐이다. 수십미터 밖에서 들으면 누가 게임기로 오락을 하고 있는 정도의 소리로만 인식될 뿐이다.

그렇다면 위기에 처한 사람이 자신의 목소리로 위기를 극복할 수는 없을까? 사람은 위기에 처하면 겁에 질려서 목소리가 가늘어지고 갈라지면서 떨리는 바이브레이션이 나타난다. 이러한 목소리로 소리를 치려고 입을 크게 벌리면서 살려 달라고 애원하게 되면, 소리 톤은 평소에 비해 2~3옥타브(3~5배) 정도로 올라가 더 고음이 되며 가늘어지고 가벼워지게 된다. 물론 이때도 경보기 음에서처럼 소리가 범인 주변만을 맴돌게 되고, 수십 미터 밖에서는 이 비명소리도 잘 들리지 않는다.

우리는 여성의 비명소리를 스피커로 일정하게 나오게 하면서 거리별로 청각인지실험을 해보았다. 스피커 가까이서는 최대 105dB로 측정되었으며, 10미터 거리에서는 89dB정도로 알아들을 수 있었으나, 20미터 떨어진 거리에서는 소리크기가 75dB로 낮아져서 그냥 누군가 다투고 있는 가보다로 느낄 뿐이었다. 탁자에 마주앉아서 상대를 보면서 조금만 큰소리로 이야기해도 85dB이 넘어가는데, 비명소리의 경우 듣는 사람이 소리진원지에서 거리가 20미터 이상만 떨어져있어도 상황의 위급함을 거의 느낄 수가 없었다.

특히 외지고 밀폐된 공간에서 피해자가 비명을 지르게 되면, 가해자는 그 빈약한 비명소리에 더 자신감을 얻게 되고, 이제 상대방이

제압되었다는 오판을 하게 된다. 그러면서 상황을 빠르게 종결지으려는 생각에서 비명소리가 나지 않도록 피해자의 입이나 신체부위에 강제로 폭행을 가하게된다. 즉, 가늘고 가성인 비명소리는 피해자가 상황을 극복하는데 있어서 별로 도움 되지 못하고 오히려 더 큰 피해를 불러올 수도 있다.

피해자가 이러한 위기상황에서 벗어나기 위해서는 좀더 냉정해지고 차분하게 대처해야만 한다. 가늘고 높은 비명은 가해자를 더 자극할 수 있다는 것을 알았으니,위급한 상황에서 주변의 도움을 청하기 어렵다면 차라리 차분한 저음의 목소리로 대화를 시도하여 분위기를 바꾸는 노력이 필요하다. 왜 그러는지 가해의 결말이 상황을 급박한 상태에서 보다 안정된 상태로 이끌어 가는 지혜가 필요하다. 즉, 차분한 저음을 들려주면 상대방이 점차 안정되어 본심으로 되돌아갈 수도 있기 때문이다.

소리이야기 25

미용실에 가면 졸려요

외곽순환선 철도 노선이 잘 발달되어있는 경인선이나 경원선 전철을 타고가다 보면, 유달리 신문 잡지나 소설책을 읽으면서 졸고 있는 사람들이 우리 눈에 많이 띠곤 한다. 철로의 이음매 간격이 25미터마다 있는데, 시속 75km로 달리는 전철은 약 1.2초마다 달그락거리는 반복 음을 유발하게 되고, 열차에 승차한 승객은 그 소리에 맞춰서 고개를 끄떡거리다가 졸음에 빠지게 되기 때문이다. 즉, 열차의 바퀴가 철길 이음매를 지나가는 소리가 외부에서 단순 반복적으로 들려오게 되면, 수면을 유발하는 뇌파인 델타파를 유발하여 졸음을 부르게 되는 것이다.

졸음을 유발하는 방법 중에는 같은 촉감을 반복적으로 자극해도 마찬가지 효과를 갖는다고 한다. 할머니나 어머니들은 애기를 재울 때 자장가로 노래도 부르지만, 한손으로 애기를 토닥토닥 두드려 주는데, 그 두드림 주기가 바로 뇌파의 델타파를 유발하는 0.5~2초 간격에 해당한다. 애기는 이 두드림에 보호를 받는 안정감을 느끼게

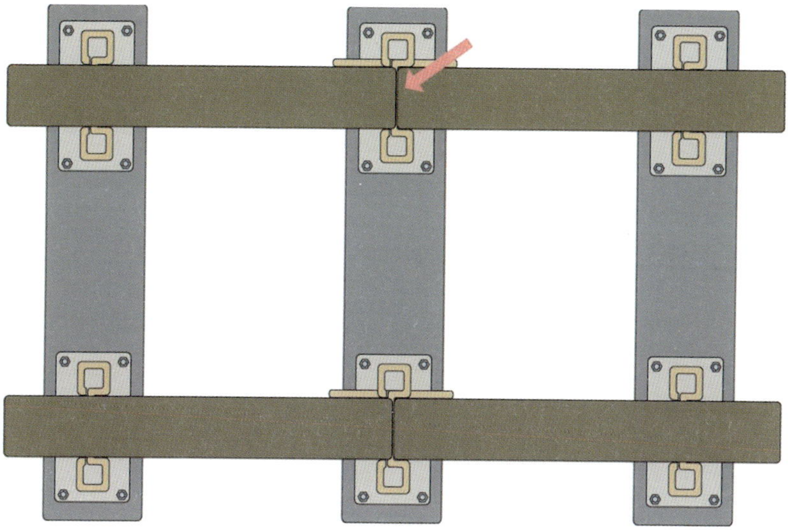

전철이 이음매를 지나갈 때 나는 규칙적인 소리가 승객을 졸립게 한다 ▲

되고 촉감을 통해 인간의 뇌파가 두드림 주기에 동조되면서 점차 잠에 빠져든다.

수업 중에도 졸고 있는 학생들을 많이 본다. 전날 시험 준비로 잠을 제대로 못자서 그럴 수도 있다고 하겠지만, 유달리 특정강사의 수업시간에만 졸음이 오는 경우가 많다고 한다. 그 과목이 별로 재미없거나 어렵게 느껴질 때, 강사의 목소리가 단순하고 지루하면 더더욱 졸음이 유발된다고 한다. 그 이유 또한 강사의 목소리 톤에 별 변화가 없이 일정하게 이어지거나 또는 끊어서 말하는 문단간격이 수면뇌파와 일치해서 졸음을 유발하기 때문이다. 이럴 때 듣는 학생들은 그야말로 강사의 목소리가 자장가로 들릴 것이다.

한편 잠을 자야하는 시간에 잠이 잘 오지 않는 것이 오히려 문제이다. 밤에 잠이 오지 않으면 우리는 양의 마리수를 세거나 또는 의

도적으로 이해하기 어려운 책을 읽으려고 시도한다. 그러다 보면 자기도 모르게 잠들어 버린다. 양을 세어도 소리 내어서 하는 것이 아니고, 다만 생각을 통해 두뇌감각을 일깨우면서 1초에 0.5~2번 정도 천천히 마음속으로 양을 세면 수면을 유발할 수 있다. 생각으로 양의 마리수를 세는 간격이 뇌파 중 델타파를 유발하는 주기와 일치하면 되기 때문이다.

읽기 어려운 책을 의도적으로 읽는 것도 읽는 내용이 별 뜻 없이 단순 반복적으로 읽히므로 자신도 모르는 사이에 졸음이 올 수 있다고 한다. 우리가 책을 읽으면 시각을 통해 다양한 정보가 시신경을 통해 뇌에 전달되어 그 뜻을 이해하게 되는데, 그 정보가 난해하거나 지루하게 느껴지면 읽는 간격이 단순하면서도 반복적이 되고, 특히 끊어 읽는 간격은 평균 0.5~2초 정도로 유지되어 델타파를 유발하여 급기야 졸음을 부르게 된다.

큰 거울이 달려있는 미용실 의자에 앉아서 미용사의 가위질하는 소리를 듣고 있어도 금방 졸음이 온다. 뭔가 피곤한 일이 있어서 그런가보다 짐작할 수도 있지만 둘러보면 주변의 사람들도 졸기는 마찬가지이다. 전기카트기를 사용하는 경우는 별로 졸리지 않고 유독 손 가위질로 '삭둑 삭둑'거리는 소리를 들으면 쉽게 졸음이 온다. 물론 미용사마다 차이는 있지만 가위질하는 간격이 평균 1초에 2~8번 정도로 단순 반복되는 소리가 우리의 귓전에 맴돌기 때문이다. 귀를 스치는 이 소리는 곧바로 뇌에 전달이 되고 뇌파의 세타파나 알파파를 유발하여 졸음을 유발한다.

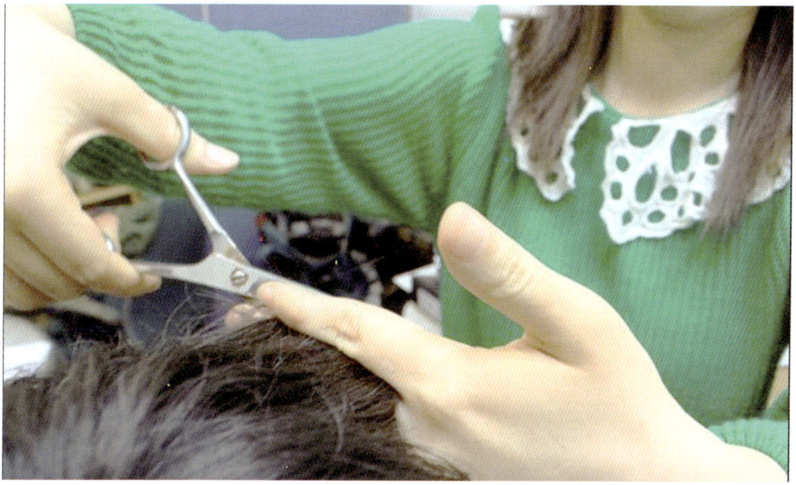

미용실에서 가위질하는 소리도 주기적이어서 졸음을 유발한다 ▲

특히 가위질하는 느낌은 머리카락을 통해 두피에도 전달되는데, 우리의 촉감 또한 자극하여 뇌파를 가위질 주기로 너 효과적으로 동조시키는 역할을 한다. 즉, 반복되는 가위질 주기는 두피를 자극하는 주기이면서 동시에 뇌파를 졸음파로 유도하는 촉감주기이기도 한 것이다. 머리카락이 가위에 잘려나가면서 '삭삭'거리는 소리가 귓가를 스치는데, 이때의 주파수는 6kHz~10kHz로 폭넓은 고음이며 음향 심리적으로 볼 때 쾌활한 소리로 알려져 있다. 그래서 '삭둑삭둑'거리는 가위질 소리에 우리는 잠시 상쾌한 수면을 취할 수 있게 된다.

요약하면, 주변생활 속에서 들을 수 있는 소리들 중 지루하고 단순 반복적인 소리나 진동은 우리의 수면뇌파를 자극하여 졸음을 유발하게 된다. 머리손질 할 때 느꼈던 '사각사각'거리는 소리가 우리

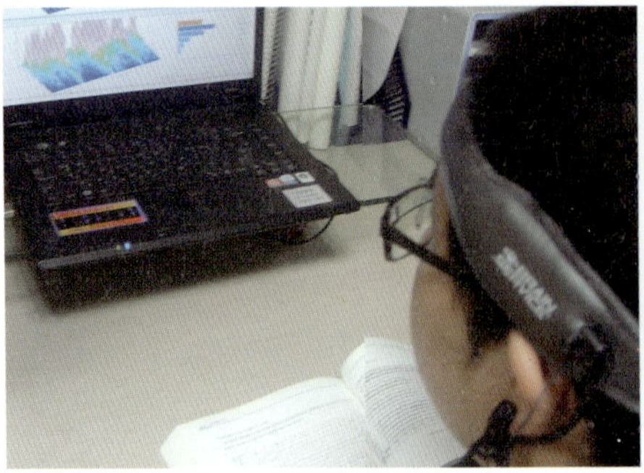

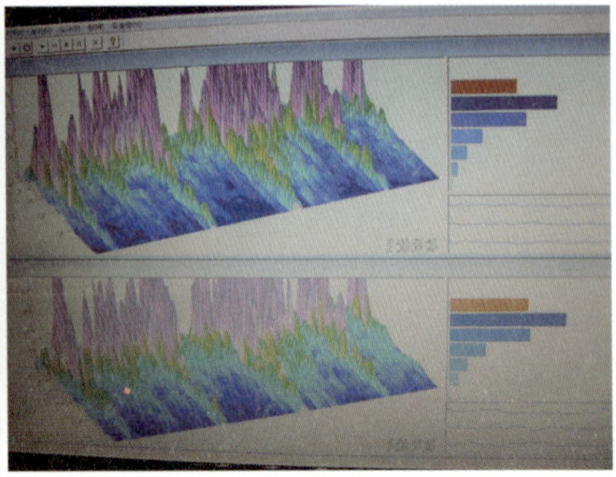

뇌파를 측정하는 장면 ▲

도 모르는 사이에 쾌면을 유발하고 있었다는 사실을 알았으니, 이제는 미용실에 가서 짧은 시간이나마 행복한 쾌면을 재대로 즐겨보기로 하자.

소리이야기 26

해변의 파도소리

삼면이 바다인 우리나라의 해변은 다양한 지형을 이루고 있기 때문에 해변에서 들리는 파도소리 또한 아주 다양하다. 우선 동해안 낙산사에 있는 홍연암의 경우를 살펴보면, 이곳은 파도치는 암석 위에 법당을 짓고 법당 바닥에 구멍을 내어 바위에 부딪치는 파도소리와 함께 예불을 드리는 곳으로 유명하다. 홍연암의 파도소리는 파도가 바위 사이를 지나면서 그 소리가 훨씬 강력해지고 또한 파도치는 주기가 거의 일정하다는 특징이 있다.

반면, 해변이 잔잔한 모래사장으로 이루어져있는 경우에는, 파도가 해변에 들락거리면서 모래 위로 물 부서지는 소리가 '샤아~' 거리면서 들릴 뿐이고, 불규칙하게 반복되는 단순한 파도소리를 내게 된다. 서해안 백령도 해변에는 모래 알갱이가 다른 곳보다는 좀 더 큰 콩알 크기여서 '쐐~' 하면서 물 빠지는 소리가 일품인데, 해변이 콩알 크기의 모래로 이루어져 있다고 하여 일명 콩돌 해변이라고 한다.

남해안의 거제도에는 해변이 주먹 크기의 몽돌로 이루어져 있는 몽돌해변이 있는데, 파도소리가 다른 곳과는 색다른 특별한 느낌이 있어서 그곳을 찾는 사람들이 많다고 한다. 파도가 해변에 몰아치면 바닷물이 부서지듯 기포를 만들면서 해변을 스치게 되는데, 몽돌해변에는 주먹만 한 돌이 해변에 깔려있어서 파도와 함께 해변으로 들어온 바닷물이 다시 바다로 빠져나갈 때 아주 독특한 소리를 만들어 내는 것이다.

몽돌해변의 파도소리를 들어보니, 바닷물이 해변으로 밀려올 때는 '샤~' 하면서 함께 몰아치는 소리가 나지만, 파도가 해변의 몽돌 사이를 돌아 바다로 다시 빠져나갈 때는 '짜자작~' 하면서 마치 손뼉을 치는 듯한 소리가 났다. 어쩌면 파도 밀려오는 소리는 우리가 응원석에서 함께 힘을 모아서 '와~' 하고 선수들을 환영하는 소리처럼 들리고, 파도가 밀려가는 소리는 이에 화답하는 박수소리처럼 들려 사람들이 더 좋아하는지도 모른다.

한편, 여름철 해변 가에서 텐트를 치고 있노라면, 불어오는 해풍이 시원해서 상쾌한 느낌이 들지만, 해변으로 밀려와 부서지는 파도소리를 계속 듣다보면 깊은 잠을 자게 된다고 한다. 일본에서는 오키나와 해변의 파도소리를 녹음한 후 CD에 담아 판매하고 있다는데, 도심의 슬리핑 캡슐에서 잠시 휴식을 취하는 샐러리맨들에게 숙면 유발용으로 아주 인기가 좋다고 한다.

지금까지 다양한 파도소리들을 살펴보았는데 과연 파도소리의 어떠한 성분이 인간의 수면을 유발할 뿐만 아니라 숙면을 취하게 해주는 것일까?

부서지는 파도소리는 백색사운드이다 ▲

파도가 해변에 몰아칠 때는 평균 3~7초의 주기로 반복되는데, 이 주기는 사람들이 아주 편안할 때 심호흡을 하게 되는 주기이고, 동시에 졸음을 유발하는 뇌파인 델타파의 주기이기도 하다. 따라서 해변으로 밀려오는 파도의 큰 소리에 우선 웅장함을 느끼다가, 파도가 부서지는 쾌활한 소리에 마음을 열게 되고, 파도치는 소리 주기에 마음의 안정감을 느끼면서 자연의 소리에 함께 동조되면서 점차 그 소리에 빠져들어 편안한 수면을 취하게 된다.

무엇보다도, 파도가 해변으로 들이치면서 부서지는 소리가 '샤~' 하면서 들리는데, 이 소리는 우리가 귀로 들을 수 있는 모든 소리성분이 들어있는 백색사운드이다. 백색사운드는 바람소리, 빗소리, 폭포소리, 냇가의 물 흐르는 소리처럼 웅장한 대자연에서 들리는 소리에서 주로 찾아볼 수 있다. 이들 백색사운드는 자연의 지형지물에 따라 울림이 달라지면서 음폭이 서로 조금씩 다르긴 하지만, 대체로 웅장하면서도 맑고 쾌활한 소리로 들린다. 해풍을 맞으면서 파도소리를 들으면 대자연의 위대함과 함께 맑고 상쾌한 기분을 느끼게 되는 이유가 여기에 있다.

정리하면, 파도소리는 소리의 크기가 웅장하면서도 소리성분은 백색음으로 이루어져 있어 아주 쾌활하고, 파도치는 주기 또한 우리에게 심리적인 안정감을 가져다준다. 특히 몽돌해변에서는 바닷물에 몽돌들이 쓸려 내리는 '짜르륵~'하는 소리가 해변에서 들을 수 있는 여러 다양한 소리에 운동성을 더하면서 특별한 리듬감을 느끼게 해준다. 올 여름, 시원한 해풍을 맞으면서 편안하게 숙면을 취하고 싶은 사람들은 몽돌해변의 파도소리를 직접 체험해 보기로 하자.

소리이야기 27

도 닦는 강아지

자연에서 들리는 소리는 무수히 많지만 그 중에서도 우리의 마음을 강하게 울리는 소리에는 어떤 것들이 있을까? 약수터의 물 떨어지는 소리, 폭포수 소리, 시냇물 흐르는 소리, 큰 비오는 소리, 파도치는 소리 등등을 들 수 있다. 자연의 소리를 벗하며 도를 닦는 사람들은 삼라만상에 묻혀서 수많은 생각을 하게 된다. 특히 수도자나 승려들은 이러한 자연의 소리 앞에서 위험을 감수하면서도 시간가는 줄도 모르고 그 소리에 한없이 빠져 들어가는 모습을 종종 보이기도 한다. 자연의 소리에는 과연 어떠한 힘이 숨어있기에 이처럼 우리를 깊고 긴 명상 속으로 빠져들게 하는 것일까?

자연의 소리는 아무런 뜻 없이 들리는 백색사운드가 대부분이다. 백색사운드란 여러 가지 음높이 성분들이 뭉쳐져서 나오는 복합 음으로 우리 귀에는 '샤아~'하는 소리로 들릴 뿐이다. 즉, 자연에 묻혀있는 백색사운드는 자연의 웅장함과 함께 큰 소리는 있으되 의미는 없고, 평소에 많이 들어 익숙하기 때문에 안정감 있는 소리이며, 또

▲ 샤워기에서 물이 떨어지는 소리도 백색사운드이다

한 자연과의 일체를 느끼면서 적막감을 해소하는 소리 성분이다.

물론 우리 생활주변에도 자연에서 들리는 소리와 유사한 것들이 많이 있다. 욕조에 설치된 샤워기나 수도꼭지에서 물을 틀었을 때 '샤아~' 하면서 들리는 소리는 폭포수 소리와 유사하다. 간혹 물소리만 들어도 상쾌하고 개운함을 연상할 수 있는 경우도 있다. 특히 샤워기를 통해 물이 욕조나 목욕탕 바닥에 떨어지게 되면 물이 바닥에 닿을 때 부딪히는 소리가 제 각각이어서 앞에서 설명한대로 여러 가지 소리성분이 합쳐져서 들리는 복합 음, 즉 백색사운드가 된다.

백색사운드의 효과는 생각보다 크다. 어느 조용한 사무실에서 백색사운드를 아무도 모르게 잔잔히 틀어주었더니 업무의 효율도 높아지고, 잡다한 행동을 자제하는 모습을 보였다. 그러다가 백색사운드를 꺼버렸더니 사무실 분위기가 웅성웅성해지면서, 곧 업무효율이 떨어지는 것을 관찰할 수 있었다.

이때의 백색사운드는 마치 사무실 에어컨에서 나오는 바람소리와 비슷하기 때문에 소리만 들려와도 사람들은 쾌적함을 연상하게 된다. 또한 이러한 바람소리는 평소에 많이 듣던 소리이고, 우주나 자연과의 일치를 알려주는 안정된 소리여서 적막감을 해소시켜 주기 때문에 집중력이 높아지면서 업무 능률이 오르게 된다. 즉, 백색사운드는 도를 닦는 사람들에게도 필요하지만, 평범한 일상생활 속에서 살아가는 사람들에게도 생활 활력소로 아주 필요하다는 것을 보여주고 있다.

백색사운드와 관련된 한 일화를 소개하면, SBS TV 〈동물농장〉 제작팀에서 강아지가 출연하는 시청자 촬영 비디오를 분석해 달라는 의뢰가 들어왔었다. 그 비디오에서는 아주 놀라운 광경이 목격되었

백색사운드는 업무 집중력을 향상시키는 효과가 있다 ▲

다. 주인이 외출하거나 혹은 모두가 잠든 밤이 되면 강아지는 혼자 욕실로 들어가 스스로 샤워기를 틀어놓고 그 소리를 들으면서 하염없이 생각에 잠겨있는 모습이 녹화된 것이다. 혹시 샤워기를 틀고 샤워를 하는 것이 아닌가 하고 비디오 내용을 재차 확인해 보았으나 그런 모습은 찾을 수 없었고 주인 또한 자신의 강아지는 물을 싫어한다고 말했다.

그렇다! 강아지는 백색사운드의 존재와 효과를 이미 알고 그 소리를 즐기면서 홀로 도를 닦고 있었던 것이다.

강아지가 듣는 소리의 음 대역은 사람보다 훨씬 높으며 또한 작은 소리도 민감하게 잘 인식하는데, 사람과 비교하면 음폭 청감도가 2.5배 높고, 음압감도는 5배 이상 민감하다. 샤워기에서 나오는 소리는 여러 가지 음높이가 포함된 넓은 음폭의 백색사운드인데 사람들은 그 중 20,000Hz까지만 들을 수 있다.

반면에 강아지는 샤워기의 물 떨어지는 소리에서 50,000Hz의 소리까지도, 즉 사람들보다 훨씬 더 폭넓고 시원한 소리를 듣고 느낄 수 있었던 것이다. 그 소리를 들으며 강아지는 과연 무슨 생각을 하고 어떤 도를 닦고 있는 것일까? 물론 강아지 자신은 알겠지만 다만 우리에게 말을 못할 뿐이로다.

요약하면, 자연의 소리는 크기는 있으되 별 의미가 없는 복합 음인 백색사운드이므로, 이러한 소리를 들으면 자연과의 일체감을 느낄 수 있고 동시에 적막감이 해소된다. 또한 평소에 듣던 소리이기 때문에 심리적인 안정감을 느낄 수 있고, 에어컨의 바람소리처럼 쾌

강아지는 인간에 비해 음폭 청감도가 2.5배 이상 민감하다 ▲

적함을 연상할 수 있다. 이러한 소리들은 도심을 벗어난 외곽이나 깊은 산속에서만 들을 수 있는 것이 아니며 우리 생활주변을 둘러보아도 많이 들을 수 있다. 그 중에서도 샤워기 옆에서 도 닦는 강아지처럼 우리도 샤워기의 물 떨어지는 소리에서 자연의 소리를 한번 체험해 보기로 하자.

소리이야기 28

오늘 새소리를 들어보자

장마기간 동안 지칠 줄 모르고 내리는 빗소리를 듣다보면 가끔은 다른 소리를 듣고 싶어질 때가 있다. 사람마다 나름대로 좋아하는 소리가 있겠지만 필자는 문득 이른 아침, 깊은 산 속의 푸른 나무들 사이에서 들리는 맑고 청아한 새소리를 떠올려본다. 오늘은 새와 관련된 소리 이야기들을 소개해보기로 한다.

언젠가 한 방송국의 의뢰를 받아 밤마다 들리는 정체모를 소리를 분석하기 위해 길을 나선 적이 있었다. 방송사의 안내를 받으며 몇 시간을 달려서 경북 안동지방에 있는 한 마을에 도착했더니 마을 입구에 모든 주민들이 신성하게 여기는 오래된 느티나무 한 그루가 우두커니 서 있었다. 마을 사람들의 말에 의하면 동이 트기 전 새벽과 해가 진 저녁이 되면 느티나무 근처에서 '드르럭 드르럭' 하는 소리가 끊임없이 들려와서 무섭기도 하고, 왠지 산신령의 노여움을 산 일이 있는지 두렵기도 해서 그 시간대에는 가급적 바깥출입을 삼가하고 있다고 한다.

출처 : 한국연

마을을 공포로 몰아넣은 소리의 주인공 청딱따구리 새 ▲

더군다나 나무에서 소리가 들릴 때는 전혀 아무 것도 보이지 않아 시 소리를 내는 실체가 없었기 때문에 주민들은 더 더욱 불안에 떨고 있었다. 마을 사람들은 소리가 나기 시작한 것은 2월 초였는데 겨울 추위가 계속되다가 잠시 따뜻해진 시기였다고 귀띔해 주었다.

우리가 도착한 때는 의문의 소리가 나기 시작한지 3주가 지난 후 였고, 사람들은 여전히 나무 근처에서 으스스한 '드르럭' 소리를 들을 수 있다고 했다. 현지에 도착하기 전, 주민 한분이 휴대폰으로 녹음하여 보내준 소리를 미리 분석해 보았었는데 소리만 들었을 때의 필자의 판단은 계절을 잊고 겨울잠에서 막 깨어난 양서류의 울부짖음 쯤으로 파악되었다. '드르럭' 하는 소리의 간격이 0.05초 정도로 아주 빠른 리듬반복의 음구조로 나타났었기 때문이다. 만일 새 종류라면 부리를 움직이기 위한 물리적인 시간이 소요되므로, 이렇게 빠른 속도로 '드르럭' 소리를 반복해서 낼 수 없다고 판단했기 때문이다.

하지만 현장에서 소리를 직접 듣고 녹음한 후 조류학자들에게 의견을 구한 결과, 딱따구리 중에는 부리를 쪼는 시간간격이 1/20초가 안될 정도로 아주 빠르게 '따다닥' 거리는 작은 새가 있다는 것이 아닌가. 특히 이 새들은 높은 나무의 가지에 숨어서 쪼아대기 때문에 실체는 안보이고 소리만 들리는 경우가 많다고 하였다. 결국 소리공학연구소에 있는 새소리 데이터베이스와 비교작업을 해본 결과, 의문의 소리와 일치하는 소리는 청딱따구리의 소리임이 밝혀졌다.

유난히 부지런히 나무를 쪼아댄 때문인지, 모습을 보이지 않은 때문인지, 아니면 너무 이른 새벽이나 너무 늦은 밤 시간에 소리를 낸 때문인지 모르지만, 그저 평범할 수 있는 딱따구리의 소리가 온 동네를 한동안 공포에 떨게 만들었던 이 일화는 아직도 기억에 남는다.

또 다른 새소리 이야기는 제주도에서 새소리로 박사학위를 받은 학형으로부터 시작되었다. 학형의 학위논문 연구주제는 "새소리를 들으면 졸음을 예방할 수 있다"는 것인데, 소리공학 측면에서 그 정당성을 밝혀 달라고 필자에게 요청을 해온 것이다.

새소리는 사람이 귀로 소리를 들을 수 있는 음대역의 가장 중심인 1,000Hz~3,000Hz 사이에 분포해있는데, 특히 소리의 간격리듬이 1초에 2~4번 정도로 인간의 심장박동수와 비슷해서 듣기에 급하거나 또는 아주 썰렁하게 들리지 않으며, 우리가 조깅을 하고 난후에 쉼 호흡을 가다듬을 때의 맥박주기인 분당 약 100번 정도에 가까운 리듬을 들려준다.

또한 새소리는 새의 발성구조상 성대 떨림의 안정된 지속이 어려

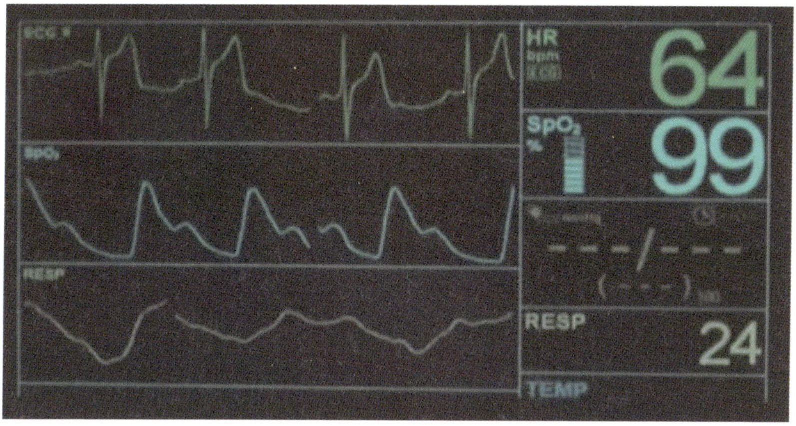

심장박동소리와 유사한 새소리 주기 ▲

유달리 시끄러운 종달새 ▲

우므로 잠시 쉬었다가 다시 소리를 이어가는 반복특성이 나타날 뿐 아니라 소리가 다시 시작될 때마다 톤의 변화를 보이게 된다. 즉, 새소리는 시간 차이를 가지고 반복되고 소리가 시작될 때마다 소리 톤의 변화를 유발하기 때문에 이러한 소리를 듣는 사람들의 두뇌는 새소리의 음높이 변화에 신경을 곤두세우면서 아주 관심을 기울이게 되고, 따라서 새소리에 자극을 받아 졸음이 사라질 수 있다.

새소리에서 들을 수 있는 톤의 변화는 우리 생활 주변에서도 많이 체험할 수 있다. 경찰차가 사이렌을 키면 하나의 톤인 '앵~'으로 울리는 것이 아니라 '앵앵앵~' 하면서 톤의 변화를 주기 때문에 주변 사람들은 경찰차에 온통 관심을 집중하게 된다. 또한 돌고래가 내는 소리 중에서는 '딸깍~' 거리는 클릭 음보다는 '쉭 쉬익~' 하는 휘슬 소리를 들었을 때, 뱃속의 태아들이 두뇌에 자극을 받아서 활동적으로 바뀐다는 실제 사례연구도 있다. 이러한 휘슬음은 7,000Hz에서 15,000Hz까지의 초고주파이며 음파의 변화를 유발하기 때문이다. 즉, 사람들은 들리는 소리의 음높이보다는 톤의 변화에 더 민감하므로 톤의 변화가 있는 소리에 관심을 집중하게 되고 두뇌를 더 많이 쓰게 된다는 점이다.

말을 쉬지 않고 빠르게 하는 사람을 우리는 종달새라고 부르기도 한다. 말이 별로 없이 조용하게 지내는 아들과 시종일관 쉴 틈도 없이 종알종알 거리는 종달새 딸과 함께 살고 있는 부모가 있다면, 분명 딸이 시끄럽다고 느끼면서도 딸의 목소리에 부모는 관심을 집중할 수밖에 없다.

우리말의 음절은 초성, 중성, 종성으로 이루어지는데 초성과 종성은 자음이지만 중성은 입을 벌려야하는 모음이기 때문에 말을 빨리 하려면, 쉴 새 없이 입을 열고 닫음을 반복하면서 목소리 톤의 변화를 계속 유발시켜야 한다. 이때 부모는 소리의 음높이변화를 아주 빠르게 느끼게 되고, 마치 종달새가 지저귀는 듯한 톤의 변화에 관심을 집중할 수밖에 없다. 즉, 딸의 목소리에 관심이 쏠려서 귀를 기울일 수밖에 없게 된다. 반면, 어느 날 갑자기 그 딸이 조용해지면서 말문을 닫아버린다면 무슨 일 있었는지 걱정도 되고 어느 순간 종알거리는 딸의 목소리를 그리워하게 될 것이다.

결론적으로, 새소리의 음높이는 주로 1,000Hz~3,000Hz 사이에 존재하기 때문에 인간의 청각특성에 적합하여 아주 또렷하게 잘 들리고, 톤은 단순음이 아닌 배음의 구조가 나타나서 맑고 밝게 들린다. 특히 새가 울 때 특정 음높이로 소리를 반복하다보면 특정 음높이로 올리기 위한 톤의 변화가 유발되므로, 새소리는 멀리서도 사람의 관심을 받게 되고, 듣는 사람의 두뇌를 자극하여 어딘지 모르게 더 신경을 쓰게 만든다. 그래서 우리는 새소리에 졸음을 쫓기도 하고, 맑고 청아한 새소리에 빠져들면서 자연과 일치하는 자신을 발견할 수 있게 된다.

이번 주말, 깊은 숲 속이 아니어도 가까운 공원에라도 나가 새소리를 듣거나 혹은 집안에서 종달새 딸의 목소리를 들으며 그 맑고 청아한 자연의 소리에 빠져 들어 보자.

소리이야기 29

매미소리에 잠 못 이루는 여름밤

장마철이 끝나고 본격적인 여름더위가 찾아오면 어김없이 우리의 귀청을 울리는 매미소리가 시작된다. 특히 열대야가 찾아오는 날이면 매미들도 더 극성스럽게 울어댄다. 이맘때가 되면 여러 방송국에서도 매미소리를 분석해 달라는 요청이 들어와 마치 새로운 계절이 왔음을 우리에게 알려주는 신호처럼 느껴질 정도이다. 요즘 매미들은 이전보다 더 시끄럽고 극성스럽게 울어대는 것처럼 들리는데, 특히 도심의 아파트에 사는 사람들은 밤낮을 가리지 않고 울어대는 매미 소리로 인해서 깊은 잠을 자지 못하게 된다. 방송국의 요청은 매미가 울면 왜 잠을 잘 수가 없는 것일까 하는 문제에 대한 답을 구하기 위해서였다.

첫 번째 이유는 매미소리의 크기 때문이다. 아파트 주변의 매미들은 아침 해가 뜨기도 전에 베란다 방충망에 붙어서 '맴 맴 맴 맴 매~' 하면서 울어대는데 이때 매미는 두어 마리밖에 되지 않는 경우에도 그 울음소리는 우리 귓전에 파고든다. 멀리서 울면, 그래도 여름

수면을 방해하는 매미소리 ▲　　매미소리의 크기는 지하철에서 북적거리는 소리와 그 크기가 비슷하다 ▲

더위를 알리는 낭만적인 소리로 넘어갈 수 있겠지만, 가까이서 울어대는 매미소리의 크기는 거의 90dB이 될 정도이다. 이 정도의 소리라면 비록 쿵쿵거리는 저음은 없지만 우리가 노래방에서 마이크에 대고 목청껏 부르는 노래 소리의 크기와 맞먹는다.

두 번째 이유는 매미소리에는 리듬감이 존재한다는 것이다. 매미가 울 때는 6~8번 정도 '맴 맴 맴~' 하면서 울어대고는 '매~' 하면서 잠시 쉬게 되는데, '맴~' 할 때는 소리의 음높이 변화가 고음에서 저음 방향으로 1,000Hz 정도의 음폭에 걸쳐 음정변화를 나타내고, '맴'과 '맴' 사이에는 0.5초 정도의 휴지기간이 나타난다. 이런 종류의 소리에는 우리의 귀가 아주 민감해 지는데, 바로 사이렌효과 때문이다. 사이렌효과란 소리가 하나의 음정으로 평이하게 '삐~' 하면서 들리지 않고, 계속 '삐익 삐익~'을 반복하는 패턴으로 음의 고저를 리듬감 있게 변화시키면 그 소리에 귀가 자극을 받게 되는 음향심리 효과이다.

세 번째 이유는 매미소리에 포함되어 있는 음높이 성분에서 찾아볼 수 있다. 인간의 귀가 듣는 음높이는 보통 20~20,000Hz 이지만, 모든 음높이를 균일한 수준으로 감지하지 않는다. 즉, 귀의 신체적인 구조 특성으로 인해 우리는 3~4,000Hz 근방의 소리를 잘 듣게 되어 있다. 그런데 매미소리는 주로 2,500Hz~5,500Hz 사이의 음높이로 소리를 내기 때문에 우리 귀에 아주 잘 들린다. 따라서 멀리서 우는 매미의 소리는 60dB 정도이지만, 실제로 느끼는 소리 체감정도는 80dB 이상이 되어, 지하철에서 북적되는 소리와 비교될 만큼 아주 시끄럽게 들리게 된다.

▲ 사이렌 소리효과를 나타내는 매미소리

네 번째 이유는 매미소리에는 뇌파를 자극하는 변조음(modulated sound)이 나타난다는 것이다. 앞에서 말한 것처럼 일반적으로 매미는 '맴맴~' 하고 여러 번 울어대다가 '매~' 하는 순간 음정변화와 함께 잠시 휴지기간을 갖게 된다. 음정변화를 만들 때 매미는 사람 귀에 잘 들리는 2,500Hz~5,500Hz의 소리를 24Hz정도로 변조시켜서 들려주기 때문에 '매~'라는 단순음보다는 '찌르륵~'하면서 뭔가를 긁어내리는 듯한 소리로 들리게 된다. 이러한 변조 음이 들리게 되면, 우리의 뇌파는 하이베타파로 활성화 된다. 부연설명하면 뇌파는 쉬거나 편안할 때에는 알파파(8~12Hz)를 발생하지만 적극적으로 활동할 때는 하이베타파(16Hz이상)를 발생한다.

야간이 되면 더 잘 들리는 매미소리 ▲

또한 매미가 울어대다가 휴지기간을 나타내는 '매~' 구간에서는 넓은 음폭을 불규칙하게 변동시키는 자극적인 소리가 나타난다. 이것은 스티로폼이나 손톱으로 유리창이나 칠판을 긁어내릴 때 발생하는 소리처럼 불규칙하고 불안정하게 들리는 자극적인 소리이다. 따라서 매미의 주기적인 '맴맴' 하는 소리 사이에 들리는 '매~' 하는 소리는 '찌르륵~' 하는 소리와 함께 우리의 잠을 깨우고, 동시에 우리의 마음을 불규칙하고 불안정하게 만드는 아주 자극적인 소리가 된다.

그렇다면 도대체 도심의 매미들은 왜 밤에 더 시끄럽게 우는 것일까 하는 의문이 든다. 그것은 조명기술의 발달과 함께 치안상의 문제로 야간에도 대낮처럼 불을 밝혀주게 되면서 매미가 주야를 혼돈하기 때문이다. 특히 주변이 조용한 야간에는 매미소리가 더 크고 시끄럽게 느껴지게 되는데 소리의 전달측면에서도 대낮보다는 야간에 매미소리가 멀리 전달될 수 있다. 즉, 대낮에는 태양열로 인해 소리가 하늘로 올라가게 되지만, 야간에는 지열 때문에 소리가 옆으로 퍼지게 되므로 매미소리는 좀 더 멀리까지 전달될 수 있다. 그래서 야간에는 매미소리가 더 시끄럽게 들린다.

따라서 매미소리를 자연의 일부인 여름의 소리로 받아들여 작든 크든 상관없이 그 소리를 함께 들어가며 살아가던지, 아니면 빠른 시일 내에 매미를 퇴치하는 소리장치를 개발해서 도심에서 아예 매미를 퇴치해 버리든지, 둘 중의 한 가지 방법을 택해야 할지도 모른다.

북소리와 함께 '대한민국'

2012년 8월에는 런던 올림픽이 뜨거운 열기 속에 진행되고 있었다. 우리 선수들을 격려하기 위해 현장에서 함께 응원하고 싶은 마음이야 모든 사람들에게 다 있겠지만 텔레비전 화면으로 보는 것으로 만족해야하는 우리로서는 가끔씩 보이는 응원석의 태극기 모습을 보거나 어디선가 들리는 '대한민국'이라는 구호를 들을 때마다 가슴 뭉클해지곤 한다. 2002년 월드컵이 열렸을 때는 경기현장에서, 혹은 거리에서 모두 함께 목이 터져라 응원을 했던 기억도 아직 생생하다. 월드컵의 기억을 되살려보면 많은 사람들이 응원을 할 때 일체감을 가질 수 있게 만든 소리는 바로 저주파 북소리였다.

인간의 귀로 들을 수 있는 소리의 음폭은 20~20,000Hz까지라고 과학자들은 말하지만, 실제 현실에서는 처해진 환경에 따라 남녀노소가 듣는 음폭이 서로 다르다. 가령 30세만 넘어도 25,000Hz 이상의 소리는 잘 알아듣지 못한다. 가장 민감하게 들을 수 있는 소리는 3,500Hz이지만 북소리와 같은 100Hz 이하의 저주파 소리는

3,500Hz의 소리에 비해 청력 자체의 차이가 30dB이 될 정도로 아주 둔감하게 듣게 된다. 즉, 동일한 음압세기의 소리가 발생하여도, 인간의 청력은 그만큼 북소리를 잘 못 듣는다는 의미이다.

그런데도 응원을 할 때 저주파 소리가 효과적이라고 말하는 이유는 무엇일까? 저주파 소리를 만드는 대표적인 악기에는 큰 북이 있다. 큰 북을 칠 때 나오는 소리는 선수들에게 단순히 격려를 위한 소리를 전달하기 보다는 응원에 참여한 사람들의 혼연일체를 이끌어내는 역할을 주로 한다. 그 이유는 북소리에서 들리는 강력한 저주파 사운드를 사람들은 귀로는 잘 듣지 못하지만 신체의 울림을 통해서 촉감으로 느끼기 때문이다.

북소리를 들으면서 응원에 참여하면 우리의 신체가 동조감을 느끼게 되고, 리듬감에 따라 응원박자를 놓치는 일이 결코 없다. 소음이 많은 공간에서 어쩌면 그렇게도 획일적인 반응을 보일 수가 있는 것인지 아주 놀라울 정도이다. 그것은 바로 북소리의 리듬이 응원하

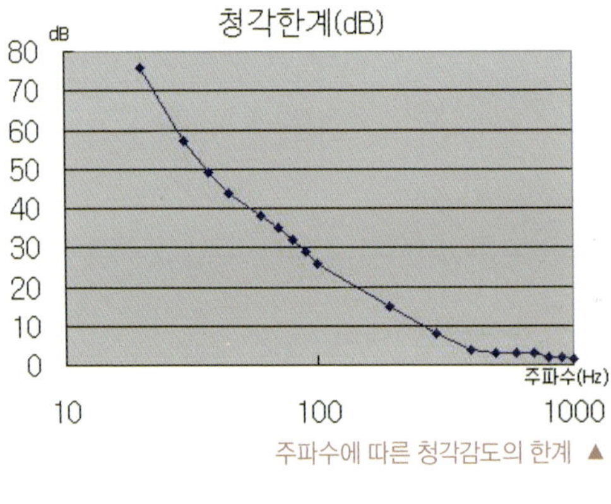

주파수에 따른 청각감도의 한계 ▲

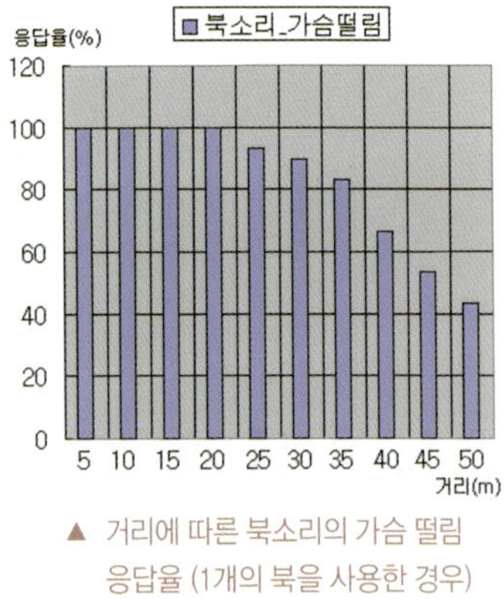

▲ 거리에 따른 북소리의 가슴 떨림 응답율 (1개의 북을 사용한 경우)

는 사람들의 신체를 흔들어서 손뼉을 치거나 구호를 외칠 때의 일치감을 제공하여 주고, 동시에 가슴을 흔들어서 선수들에게 마음을 모아주는 역할을 하기 때문이다.

북소리의 강력한 저주파 사운드가 과연 귀로 감지되기보다는 신체를 흔들어 주는 소리인가를 입증하기 위해 세 가지 실험을 진행하였다. 먼저 총 30명의 학생들과 함께 운동장에서 북소리 체험실험을 2차에 걸쳐서 수행하였다. 이 실험에는 큰북 한 개와 작은 북 두 개를 지원 받아서 대학 운동장에서 수행하였다. 실험참여자들의 눈을 가리고 귀에는 헤드폰으로 충분한 크기의 음악을 들려주어 귀로는 북소리를 듣지 못하게 하었다.

북소리 저주파의 전달 가상도 ▲

북에서부터 거리를 이동하면서 북소리를 들려주었다. 실험참여자들은 가슴에 손을 대고 있다가 가슴떨림이 느껴지면 깃발을 번쩍 들어 올리게 하였다. 북에서부터 5미터, 10미터, 15미터까지는 30명 전원이 북소리에 맞춰서 손을 들었다. 20미터부터는 북을 두 개 이상 추가했을 때 모두 다 가슴으로 북소리를 느꼈다.

두 번째 실험은 10평 정도의 연구실에서 10명의 청취 실험자들에게 인간의 귀로는 들을 수 없는 20Hz의 초저주파 사운드를 발생시켜 들려 주었을 때의 느낌을 파악하는 것이었다. 앞에서도 언급했듯이 인간의 귀로는 잘 들을 수 없는 초저주파의 소리는 귀가 아닌 신체로 느끼게 되는데 그 음압이 상대적으로 약하게 되면 가슴보다는 머리로 먼저 느끼는 모습을 볼 수 있었다.

부연설명하면, 사람의 신체는 북소리와 같은 저주파사운드를 잘 느끼는 구조로 이루어져 있다. 등뼈를 기준으로 갈비뼈가 심장을 싸고 있는데 사람의 앞쪽에서 강력한 저주파가 들려오면 우리 신체의 구조특성상, 소리를 감싸듯이 모아 더 크게 울리게 한다. 바로 이 때 소리의 진동을 가슴에 모으는 느낌으로 인해 우리는 그 소리에 좀 더 큰 동조감을 느끼게 되는 것이다.

세 번째 실험은 인간의 가슴과 유사한 구조의 나무책장을 만들어 뒷면에다 물 컵을 매달아놓고 그 떨림을 관찰하는 실험이었다. 작은 북에서부터 나무책장까지의 거리가 각각 5미터, 10미터, 15미터 거리였을 때 북소리의 울림에 따라 물 컵에 들어있는 물의 흔들림을 충분히 관찰할 수가 있었다.

실험결과에서 확인할 수 있듯이, 응원 현장에서 북소리가 들리면 응원에 참여한 모든 사람들은 주변의 소음이 아무리 크게 들린다고 해도 북소리의 저음에 신체가 흔들리는 동조감을 느끼게 되고, 그 진동음에 혼연일체가 되어서 응원리듬에 맞춰 함께 응원에 참여할 수 있게 된다.

비록 런던 올림픽이 열리는 현장에는 가볼 수 없었지만 우리 가슴으로 느끼는 북소리를 통해 선수들에게 올림픽 정신의 구현과 우승을 향한 우리의 열망과 정열을 함께 모아 전해주자!

소리이야기 31

올림픽에서의 출발신호음

올림픽이 열리고 있는 동안, 날마다 들려오는 금메달 소식에 환호하면서 우리는 정신적으로나 체력적으로 우수한 민족이라는 사실에 자부심을 느꼈다. 그리고 다음 대회에서는 더 많은 종목에서 승전보가 날라 오길 간절한 마음으로 응원한다. 각고의 노력 끝에 올림픽에 출전하는 선수들을 보는 우리의 마음은 메달을 향한 기대감으로 한껏 부풀어있지만 어느 순간 금빛 메달 기대주가 출발신호를 위배해서 실격 처리되는 건 아닌지 또는 다른 색깔의 메달로 바뀌는 불상사가 발생하는 건 아닌지 조바심이 들 때도 있다. 혹시라도 그런 일이 생기게 되면 아쉬움과 함께 절망감을 느끼게 되는 것도 사실이다.

수년간의 노력이 결실을 맺는 중요한 자리에서 부정출발이라는 순간의 실수로 그 모든 영광이 일순간에 허사가 되어버리는 이유는 과연 무엇일까?

올림픽경기의 대부분 출발신호는 소리를 사용한다. 출발 신호음은 '탕', '삑', '호르륵' 등 여러 가지 소리를 사용하는데, 선수가 소리

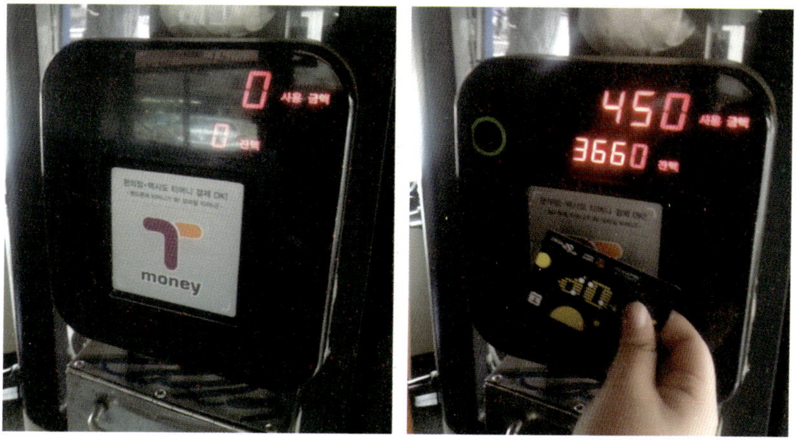

버스를 승하차 할 때 듣는 카드인식음은 출발신호와 유사한 음이다. ▲

를 듣고 나서 출발해야 부정출발이 아닌 것으로 판단한다. 게다가 출발신호음이 나온 후 0.1초 이내에 움직였다면 그것도 부정출발이라고 한다. 왜냐하면 인간의 청각은 아무리 민감하다고 해도 출발신호음이 들린 후 0.1초 이내에는 반응을 보일 수 없기 때문인데, 만약 그 안에 움직였다면, 예측 출발로 보고 해당 선수에게 부정출발을 선언하게 된다는 것이다. 그렇다면 출발선에 선 선수들은 출발 신호음이 들리지도 않았는데 왜 출발을 하게 되는 것일까?

운동경기에서의 출발신호는 사람들이 잘 들을 수 있도록 아주 큰 소리를 사용하며, 특히 인간의 청각에 가장 민감한 주파수의 소리들을 사용한다. 먼저, '탕'하는 총소리는 충격음으로 소리의 지속시간은 짧지만, 음폭이 아주 넓고, 100dB 이상의 큰 소리를 내기 때문에 누구나 잘 들을 수 있어 육상에서의 출발신호음으로 사용된다.

반면, 수영장과 같은 실내에서는 총소리 대신에 '삑' 하는 전자음을 주로 사용하는데, 실내에서 총소리를 내면 소리가 울려서 관중을 자극하는 소음이 되고, 또한 선수들의 심장에도 피해를 줄 수 있기 때문이다. 전자 신호음은 인간의 청력에 민감한 소리로 합성되었기 때문에 선수들은 물론 관객들도 모두 다 잘 느낄 수 있다. 이 소리는 우리가 버스를 승하차 할 때 듣는 카드인식 음과 유사한데, 관중들의 시끄러운 소음 가운데서도 출발신호음을 잘 구분할 수 있도록 주파수 3,500Hz 근방의 복합 음을 사용한다. 따라서 전자 출발신호음의 소리 크기가 80dB 이상이면, 100dB 이상의 소리로 인식하게 되는 주파수 특성을 갖는다.

호루라기 출발신호음도 소리 크기는 90dB 정도이지만, 소리의 성분 상 인간의 청력에 민감한 2,000~4,000Hz의 주파수를 사용하므로 선수들이 잘 들을 수 있는 소리이다.

이처럼 올림픽에서 사용하는 출발 신호음이 선수들에게 잘 들리는 소리임에도 불구하고 부정 출발하는 선수가 발생하는 이유는 소리의 전달에 문제가 있기 때문이다. 소리의 전달속도는 1초에 340m이므로 출발점에서 34m 떨어진 점에서 출발신호음을 발사한다고 가정한다면, 선수들의 귀에는 0.1초 후에나 도달하게 된다. 특히 여러 레인으로 나누어져 있는 트랙에서 선수들이 출발신호음을 기다리고 있다면, 선수들 간에도 소리가 도달하는 시간 차이가 2% 정도 발생한다.

게다가 출발선에서 신호음을 기다리는 선수들은 심리적으로 긴장한 나머지 출발신호음과 비슷한 소리가 들리면 신호음으로 착각하여

출발신호를 기다렸다가 출발하는 육상트랙의 선수들 ▲

부정출발하게 된다. 인간의 귀는 소리를 인식할 때 어떤 뚜렷한 패턴보다는 연상기억으로 기록한다. 즉, 청각세포에서 소리를 구분할 때 음높이를 정밀하게 기억하기 보다는 소리진폭의 변화와 음대역의 변화 폭을 각인하고 있다가 비슷한 소리가 외부에서 들리게 되면 바로 그 소리라고 판단하는 것이다.

출발신호음이 귀에 도달한 후에도 소리를 구체적으로 인지할 때까지는 사람마다 큰 시간차를 보인다. 출발신호음이 귀에 도달하게 되면 고막을 흔들고, 고막을 흔드는 소리가 내이에 있는 달팽이관에 전달되어 울려야만 청각세포의 신경물질에 전달되어 소리를 인식하게 된다. 출발신호음을 귀에 가까이 들려주고 청각세포가 인지하는 시간대를 측정하는 실험을 200명을 대상으로 한 결과, 사람에 따른 청감도의 평균편차는 0.15초로 비교적 큰 차이를 보였다. 이들이 육상 또는 수영 선수들이었다면 세계신기록을 갱신할 수 있는 정도의 시간 차이가 청감도에서 나타난다는 것이다.

멀티미디어 출발신호를 사용한 반응실험 장면 ▲

이번에는 선수들의 청감도 차이를 개선하기 위한 방법으로 출발선에서 신호음과 시각정보를 함께 사용해 출발신호를 주는 실험을 같은 피 실험자 200명을 대상으로 해보았다. 신호음과 동시에 푸른색 LED 라인을 붉은색으로 바꾸어주고 이때 선수들의 출발신호 반응을 손가락으로 치게 하는 방법이었다. 역시 게임기를 많이 접해본 학생들이라 그런지 소리와 빛을 동시에 사용하였을 때의 반응속도는 신호음만 들려주었을 때와 비교하면 0.05초 이내의 반응차이로 개선되었고, 예측출발반응 또한 10% 이내로 줄어들었다.

요약하면 올림픽에서는 출발신호로 신호음을 주로 사용하고 있는데, 신호음은 청각세포를 통해 인식하는데 사람마다 큰 시간차를 보였다. 대신, 소리와 빛을 동시에 들려주고 보여주는 멀티미디어 출발신호를 사용했더니, 출발신호에 대한 인지속도를 높일 수 있었고, 동시에 예측출발도 크게 개선됨을 실험을 통해 확인하였다.

다음 올림픽에서는 멀티미디어 출발신호를 사용하여 0.1초의 기록갱신에 도전하는 선수들의 모습을 볼 수 있기를 기대해본다.

소리이야기 32

개도 웃는다!

깔깔대는 웃음소리를 듣고 있노라면 나도 모르게 입가에 미소가 번지면서 함께 따라 웃고 싶은 충동을 느낀다. 웃음소리에는 웃음바이러스라 부르는 소리 전파 성분이 분명히 존재한다. 누군가의 웃음소리를 듣게 되면, 그 독특한 발성특성으로 인해 과거에 재미있는 광경을 보았거나 혹은 즐거워 웃음소리를 터뜨렸던 때를 연상하게 된다. 이때 나도 함께 따라 웃게 되면 웃음소리로 인해 목젖이 간지럽거나 성대의 탄력 상태가 자연스럽게 이어지면서 웃음이 계속 나오게 되고 결국은 참을 수 없을 정도까지 이르는 경우도 생긴다.

최근에 '개도 웃는다'는 외신을 접한 한 방송사로부터 제안이 들어왔다. 만약 개가 정말 웃는다면 그 소리를 녹음해서 다른 개들에게 들려주어 동물농장 분위기를 경쾌하게 만들어 보자는 내용이었다. 참 재미있는 발상이었다.

개를 가장 가까이서 돌봐주는 애견가들은 개가 기분 좋은 상태이거나 혹은 같이 놀아줄 때 평소와는 다른 소리를 낸다는 것을 알고 있다. 그래서 우리는, 자신이 키우는 개가 잘 웃는다고 믿는 가족들을 전국적으로 모아서 각종의 개 웃는 소리를 채집하였다. 어떤 개는 긴 혀를 내 보이면서 헐떡거리며 숨 쉬는 소리를 내는 것 같기도 하고, 어떤 개는 표정만 봐서는 화가 나 얼굴을 찌푸리는 것 같기도 하였지만, 개들은 분명 평소와 다른 모습이었고 일반적인 개의 소리와는 다른 소리를 내고 있었다.

채집한 소리를 분석한 결과, 웃을 때 내는 개의 목소리는 평상시와는 다른 소리 스펙트럼을 나타내었다. 다른 소리와의 비교를 위해, 개들을 몇 바퀴 뛰게 한 다음 가쁘게 몰아쉬는 숨소리와 일상의 편안한 가운데 쉬는 숨소리를 녹음해서 비교분석하였다. 그 결과, 평상시에 비해 운동 후의 숨소리는 1,000~2,000Hz 대의 중음성분이 약간 증가하는 정도였다. 반면, 강아지가 즐거울 때 내는 소리는 2,000Hz 이상 고음의 경쾌한 소리성분을 많이 포함하고 있었다. 즉, 개가 웃을 때는 헐떡거림의 템포가 빨라지고 경쾌하게 숨을 쉬며 굳이 소리로 표현하자면 '흐~흐~흐~흐~' 하는 소리로 들렸다.

아쉽게도 개의 웃음소리는 다양하지 못하다. 그 이유는 개의 구강구조는 사람과 달라 특정 공명음을 만들어내지 못하기 때문인데, 개가 내는 소리는 대부분 숨을 쉬면서 목을 간지럽히듯 스치는 소리로 이루어진다. 그래서 대부분 개의 웃음소리는 '흐~흐~흐~흐~'로 들리게 되고, 사람과 마찬가지로 웃을 때는 평소보다 맥박이 상승하고 감정이 삽입되므로 숨 쉬는 소리의 템포도 약간 빨라진다. 그러나 대부분의 사람들은 개 웃음소리만을 들으면 웃는 건지 또는 그저 숨을 빠르게 몰아쉬는 건지 잘 구별하지 못한다.

잘 웃는 강아지들의 모습 ▲

SBS TV 〈동물농장〉 출연진과 함께-개 웃음소리 판매금액 전액은 동물보호 단체에 기부되었다 ▲

개의 웃는 소리를 녹음해서 잡음을 제거한 후에 다른 개들에게 들려주었더니 듣는 개들의 표정이 변하면서 소리의 템포가 빨라지고 경쾌한 소리를 내기 시작하였다. 개의 웃음소리가 웃음 바이러스를

개그맨들의 웃는 모습들 ▲

전파한 것이다. 웃음소리만 들려주었을 뿐인데 삭막하던 분위기가 즐겁고 생기 있는 분위기로 변한 것이었다. 웃음소리는 개의 품종에 상관없이 모든 개들에게 웃음 바이러스를 전파시켰다.

한편, 사람들의 웃음소리는 일반적으로 세 가지 유형으로 나누어 볼 수 있다. 유재석처럼 '캑캑캑캑~' 소리와 함께 목젖을 간질이며 웃는 유형이 있고, 강호동처럼 '우~하하하~' 소리와 함께 입을 크게 열고 공명을 울리면서 호탕하게 웃거나, 이경실처럼 '하~아아아~' 소리와 함께 가볍고 쾌활하게 웃는 유형이 있다.

어떤 웃음소리인지는 상관없이 사람은 웃을 때 폐에서 공기를 모으고 목이나 입안에서 공명이 생기면서 소리가 나오기 때문에 아주 길게 웃지 못하고, 짧게 끊으면서 '하하하~' 소리를 내게 된다. 이때 성문은 열려있기 때문에 공기가 금방 빠져나가서 한번 숨을 쉴 때마다 10초 이상 길게 웃지 못한다.

비록 길게 웃지는 못하지만 모든 웃음소리는 연상기억과 함께 다른 사람들에게, 혹은 다른 개들에게조차 웃음을 전파시키는 바이러스 성분을 가지고 있으니 얼마나 다행인가. 이제 복날도 지나갔으니 주변에서 더 많은 개들의 웃음소리를 들을 수 있을지도 모른다. 그나저나 개의 웃음소리를 분석하면서 나도 잘 따라 웃게 되었는데, 나 역시 웃음 바이러스에 감염되었나 보다. '우하하하~'

소리이야기 33

신비로움의 극치, 가수 이미자의 목소리

우리 민족처럼 음악을 좋아하고 노래 부르기를 즐기는 사람들도 드물지 않을까하는 생각이 든다. 거리나 지하철에는 이어폰을 꽂고 음악을 듣는 젊은이들로 넘쳐나고, 노래방이 남녀노소를 불문하고 모두에게 각광받는 여가문화 장소로 자리 잡은 지 오래다. 보고 듣고 맛보고 만져보고 냄새를 맡는 인체의 오감(五感)을 사용하는 수많은 예술 장르 가운데에서도 소리에서 비롯되는 음악, 특히 듣고 부르는 노래처럼 모두가 쉽게 접근할 수 있으면서 다양하게 발전된 분야는 없다는 생각을 해보기도 한다.

사실 목소리는 인체의 다른 감각기관보다 훨씬 더 많은 부가가치를 창출한다. 그래서인지 요즘 인기가수들은 그 어떤 직업보다도 확실하고 지속적인 경제적 수익을 올리는 것처럼 보인다. 그렇다면 인기가수의 목소리는 소리과학의 측면에서 보통사람들의 목소리와 무엇이 다를까. 언젠가 방송국의 의뢰를 받아 가수 이미자씨의 목소리를 분석한 적이 있는데 이번엔 그 이야기를 해보려고 한다.

삼성경제연구소의 평가에 의하면 국민가수로 불리는 이미자씨의 노래 가치는 자그마치 1,650억 원에 달한다. 가수활동 46년간 약 560종의 음반과 2,069곡의 노래를 발표했으며, 1,500만~2,000만장의 음반을 판매한 금액에 공연수익, 가요계 영향력 등을 감안한 평가금액이다.

노래인생 50년을 넘긴 이미자 씨의 모습 ▲

이미자씨는 언젠가 인터뷰에서 "목소리가 변할까봐 치아 교정도 못한다."고 말한 적이 있다. 당연한 이야기다. 치아 교정을 하게 되면 입안 모양이 변하게 되고 따라서 목소리도 변할 수 있기 때문이다.

인기 있는 대중가요 가수들은 대부분 목이 긴 편이다 ▲

우선, 이미자씨는 얼굴에 비해 입이 큰 편이다. 속설에 따르면 입이 큰 사람이 노래를 잘한다고 하는데, 이 말은 대체적으로 맞는 이야기다. 입이 크다는 것은 입안의 공간이 넓다는 것으로, 이는 좋은 소리를 내기 위해서는 커다란 울림이 필요하다는 점에서 필수요건이라고 할 수 있다. 하지만 입이 크다고 해서 반드시 노래를 잘 하는 것은 아니다.

큰 입보다 더 중요한 것은 목소리 자체를 만들어내는 성대와 발성 능력이다. 발성은 기본적으로 허파에 공기를 모아 방출하면서 만들어진다. 노래를 부르면서도 사이사이에 공기를 모아서 오랫동안 목소리를 지속적으로 내려면 무엇보다 폐활량이 중요하다. 이미자 씨의 빼어난 가창력은 바로 남들보다 2.5배 이상 길게 목소리를 유지하는 큰 폐활량에서 나온다.

폐활량과 더불어 이미자씨에게서는 탁월한 성대 떨림도 볼 수 있다. 그녀가 발표한 수없이 많은 노래 가운데 초창기 노래인 '섬마을 선생님'과 '동백 아가씨' 등 몇 곡을 분석한 결과 이미자씨의 발성 음역대는 일반인 평균보다 훨씬 더 넓었으며 성대 떨림 또한 아주 좋았다. 음성분석기에 나타난 그녀의 목소리는 보통사람들의 목소리보다 훨씬 더 톤이 명료하고 배음의 울림이 균일해서 마치 악기와도 같았다. 흔히 소리가 갈라지기 쉬운 고음에서도 음정의 대역 차이가 뚜렷했고, 음정의 높낮이 변화도 3옥타브(8배 음폭)에 걸쳐 매우 안정적이었다.

보다 구체적인 분석을 위해, 비교적 노래를 잘 따라한다는 모창가수들과 이미자씨의 성문특성을 비교해 보았다. 이미자씨의 경우에는 모든 음 대역에서, 즉 말을 하듯 나지막하게 부르는 저음 톤, 구슬프게 넘어가는 중음 톤, 그리고 흐느끼듯 부르는 고음 톤에서 모두 깊은 바이브레이션이 나왔다. 반면, 모창가수들은 부분적으로 비슷한 경우도 있었지만 넓은 음폭에서 보이는 바이브레이션은 이미자씨의 수준에 미치지 못하였다. 모든 높이의 목소리에서 깊은 바이브레이션이 자연스럽게 나온다는 것은 특히 가사를 전달함에 있어서 구

폐활량을 측정하는 모습 ▲

구절절 애절하게 청취자들의 심금을 울릴 만큼 깊이 있는 노래를 부른다는 의미이다.

무엇보다 놀라운 사실은 이미자씨의 20대 때의 목소리와 60대 때의 목소리가 아주 유사하다는 점이다. 일반적으로 나이가 들면서 성대근육이 탄력을 잃음에 따라 우리의 목소리는 음색이 변할 뿐만 아니라 발성 음역대 또한 자연스럽게 좁아진다는 점에 비추어볼 때 이는 무척 희귀한 사례가 아닐 수 없다.

요약하면 이미자씨는 천부적으로 큰 폐활량과 매끄럽고 정교하며 울림이 좋은 성대를 갖고 태어난 것이다. 한마디로 평가하면, 조물주가 심혈을 기울여 만든 빼어난 악기라고 말할 수 있다.

소리이야기 34

아이유 3단 고음의 비밀

1년 전에 한 신문사의 기자로부터 아이유의 3단 고음이 왜 인기를 얻고 있는 가에 대해 과학적으로 분석해달라는 요청이 들어왔었다. 아이유는 어린 나이에도 불구하고 뛰어난 가창력과 귀여운 외모로 인기를 얻고 있으며, 당시 새로운 국민여동생으로 급부상하였다. 그녀의 특기는 고음인데 팬들 사이에서 3단 고음으로 불린다. 이런 그녀의 3단 고음을 바로 분석하여 발표하고 싶었지만, 급상승한 인기를 피해서 수개월 후에야 그 분석결과를 학술논문지에 먼저 발표하게 되었다.

아이유는 미끈한 목 길이와 큰 입속에서 울리는 고음이 아주 자연스러운데, 이를 가능하게 하는 소리의 근원은 바로 폐활량에 있다. 소리는 폐에 공기를 모으면서 시작하고, 성대의 떨림을 통해 공기가 빠져나가면서 기본음을 만들게 된다. 기본음의 음 높이는 성대가 1초에 몇 번 열리면서 공기가 나오느냐에 달려있고, 고음 톤일수록 빠져나가는 공기가 많아져서 긴 시간동안 소리를 지속하기가 어려워진다. 그런데 아이유는 다른 가수들에 비해 고음 톤이면서도 소리의 지속이 길며 폐활량이 아주 큰 편이다.

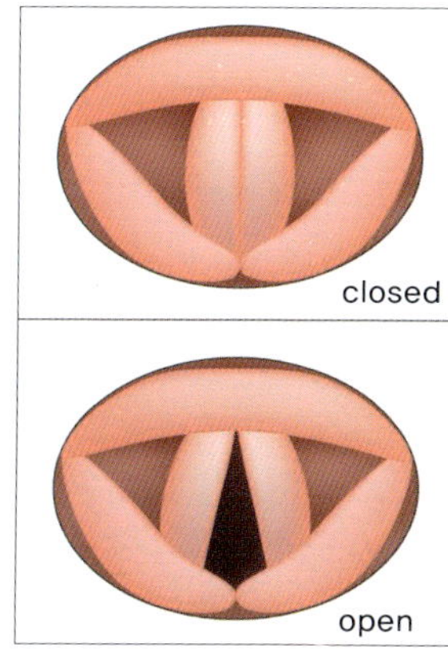

▲ 고음은 성대떨림이 빨라서 공기가 빨리 빠져나가므로 소리를 지속하기 어렵다

가창력의 또 다른 특징으로는 고음발성을 얼마나 안정되게 지속하느냐에 달려있다. 보통 일반인들도 가성을 통해 특정고음을 낼 수 있겠지만, 길게 지속하거나 안정된 음정을 유지하기가 아주 어렵다. 아이유의 고음발성은 한번에 3단계 변음을 하면서도, 음높이의 안정도를 95%이상 유지하고, 8초 이상을 지속한다는데 그 의미가 있다. 이것은 발성음정의 안정도가 기계적인 정확도에 근접한다는 사실이다.

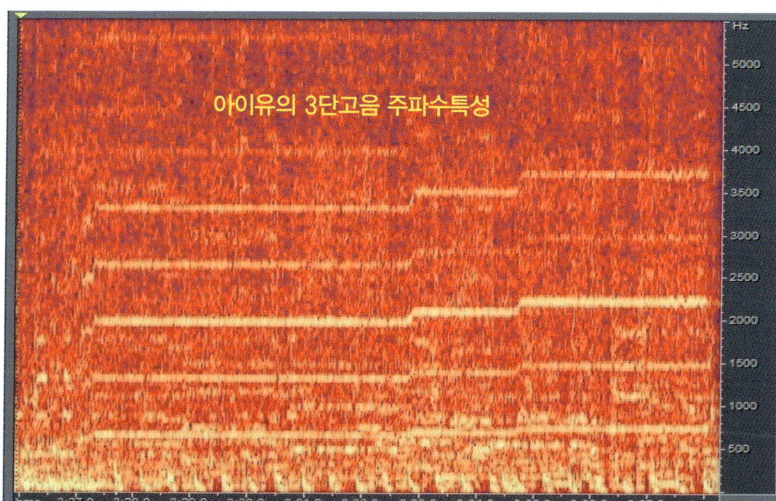

고음은 발성하는 것보다 안정되게 지속하는 것이 더 힘들다 ▲

그리고 아이유는 3단 고음을 낸 다음에 곧바로 정상적인 자기 목소리 톤으로 돌아온다는 것도 타고난 하나의 소질이라고 말할 수 있다. 즉, 평소에 노래 음정이 300Hz 대에 머무르다가 필요시 500~700Hz 대역의 메조소프라노 3단 음정을 길게 지속하고 또다시 자신의 목소리 톤으로 금방 복귀한다는 사실은 노래의 음정을 잡는 청감특성이 아주 탁월하다는 의미이다.

아이유 3단 고음의 발성특성이 학술논문에 발표되자 그 파급성은 대단하였다. 주요 인터넷 뉴스에서 메인뉴스로 다루어졌고, 주요 포털사이트에서는 실시간 검색어로 탑10에 들어가기도 하였다. 그러자 KBS TV 〈스펀지〉에 재미있는 제보가 들어왔다. "아이유의 '좋은 날'을 저속으로 재생하면 현빈의 목소리가 들린다."는 것이다.

그 당시에 현빈은 입대하기 전에 인기절정의 드라마에 주인공으로 출연하면서 주제가도 불렀었는데, 역시 인기절정의 가수인 아이유의 목소리를 저음화 하게 되면 현빈의 목소리로 들린다는 놀라운 사실이 알려진 것이었다. 그래서 아이유의 '좋은 날'을 저속화하면서 현빈의 노래와 스펙트럼 비교를 통해 유사도를 측정하였더니, 78%로 속도를 낮췄을 때, 두 노래가 92% 정도로 유사하였다. 일반적으로 두 노래의 스펙트럼 유사도가 90%를 넘으면 동일한 가수가 부른 노래로 볼 수 있다.

이처럼 두 노래가 서로 비슷한 음색을 가졌다는 것은 두 사람의 발성기관이 유사하다는 의미이다. 그래서 현빈과 아이유의 명함판 사진을 같은 크기로 좌우 배열하여 목 길이와 입, 그리고 코의 길이

현빈과 아이유의 발성기관의 모습은 서로 닮아있다 ▲

▲ 목소리 발성기관인 목 길이와 평균 신장은 비례한다

등을 비교하였더니 놀라울 정도로 눈 이하의 얼굴 형태와 발성기관이 일치하였다.

내친김에 노래 발성기관인 목의 길이를 서로 비교해 보았다. 한국 사람들의 목구멍 길이는 신장에 비례하여 나타낼 수 있는데, 남자는 신장의 10%가 목구멍 발성의 길이를 나타내고, 여성은 자신의 키의 9%가 된다. 공식적으로 현빈의 키는 184cm이고, 아이유는 162cm이므로, 목구멍의 길이비율을 측정해보면 두 사람의 음관비율은 79%가 된다. 따라서 그 비율만큼 저속으로 재생하게 되면 아이유의 발성이 현빈의 목소리로 바뀐다는 사실이 과학적으로 입증된 것이다.

요약하면 최근 인기 절정의 가수이자 국민 여동생 아이유는 얼굴도 귀엽고, 노래의 가창력도 아주 좋다. 기본 톤이 고음이면서도 음정의 변화가 자연스럽고, 폐활량이 풍부하여 일정한 발성이 길게 유지되고,

특히 3단 고음의 음높이가 안정적으로 길게 지속된다. 앞으로도 타고난 자신의 능력을 계속하여 개발한다면, 지금의 인기 못지않게 그녀의 소질도 날로 발전하여 대중들에게 크게 인정받을 것이다.

소리이야기 35

후크송 '강남스타일'의 성공비결

요즘 한국만이 아니라 전 세계를 떠들썩하게 할 만큼 인기 있는 노래 중 하나가 싸이의 '강남스타일'이다. 외형적인 현란함으로 승부수를 던지고 있는 K-pop 가수들과는 전혀 다르게 '강남스타일' 뮤직 비디오는 평범한 얼굴의 가수와 엉뚱하다시피 한 춤, 그리고 신선한 구성으로 미국시장은 물론 전 세계의 음반시장을 뒤흔들어놓고 있다. 그 인기는 인터넷을 타고 승승장구하고 있는데, 유튜브(U-TUBE)의 동영상 조회수 3억건을 최단시일에 달성하는 신기록을 세우기도 했다.

특히 멜로디와 리듬이 쉽고 흥겨운 이유 때문인지 원곡의 가사나 율동을 자기 나름대로 변형시킨 패러디 영상물이 전 세계에서 쏟아지고 있는 현상도 주목할 필요가 있다. 여기에는 평범한 시민들뿐만 아니라 미국 대선주자들, 운동선수들, 혹은 유명 배우들까지도 앞다투어 다양한 형태로 새로운 '강남스타일'을 선보이고 있고, 우리나라에서도 직업이나 지역별로 '대구스타일', '오빠스타일' 등의 패러디

가사와 영상들이 여기저기서 급부상하고 있는 중이다.

'강남스타일'에서처럼 반복적인 후렴구를 사용하여 대중의 인기를 끌어내는 음악을 후크송(hook song)이라고 한다. 지금까지는 한국인이 한국적인 멜로디를 사용하여 만든 후크송으로 이처럼 전 세계인들의 폭넓은 호응을 끌어낸 적이 없었기에 언론 및 방송가에서는 앞 다투어 원인분석에 대한 취재와 보도에 열중하고 있다.

일전에 영국의 한 국제저널이 유튜브에서 최대 조회수를 기록한 후크송들의 인기 원인을 분석하여 발표한 적이 있었는데, 공통적으로 발견되는 주제어 몇 가지가 지목되었다. 즉, 성공한 후크송에는 평범하면서도 약간은 모자란 듯 보이는 사람이 등장하고, 여기에 유머 코드를 첨가하여 엉뚱하면서도 단순한 내용이 반복된다는 것이다.

'강남스타일' 뮤직비디오를 분석해보면, 먼저 부와 미의 상징인 강남에 살고 있을 것 같지 않는 평범한 외모의 남성이 부촌에서는 다니지도 않는 말 타는 포즈로 횡단보도를 지나가고 있다. 놀이터에는 전혀 어울리지 않는 침대가 놓여있는가 하면, 대중탕에서 수영을 하는 엉뚱함도 우리를 웃게 만든다. 그러면서도 끊임없이 반복되는 멜로디와 신나는 비트 리듬은 우리의 몸과 마음을 저절로 흔들리게 한다는데 후크송의 묘미가 깔려있다.

'강남스타일'은 댄스뮤직으로, 후크송으로 성공할만한 요인을 갖추고 있다. 먼저 댄스곡은 0.5초 주기의 강렬한 비트(beat)가 지속된다. 이러한 비트 주기는 1분에 120~150번으로, 우리가 30분 이상 조깅을 한 후에 약간 숨이 차면서 흥겨움을 느끼는 시점의 심장

심장 박동수와 같은 강남스타일의 비트 ▲

박동수와 거의 일치한다. 이러한 비트 음이 외부에서 들려오면 자기도 모르게 손을 휘젓게 되거나 댄스 율동을 시작하게 된다. 또한 이 비트 음은 트로트나 재즈음악에서도 그렇듯이 노래 시작부터 끝까지 기본템포로 지속되기 때문에 귀로 듣기보다는 피부나 척추를 자극하여 율동을 통한 흥겨움을 유발한다.

일반적으로 재즈나 트로트 음악보다 댄스뮤직에서 비트 음이 훨씬 더 강렬한 운동성을 초래하게 되는데, 그것은 바로 비트음의 음폭 때문이다. 트로트나 재즈에서는 가사전달력을 중요시하기 때문에 드럼비트를 주로 이용하게 되고, 그 소리 폭은 500Hz이하로 저주파에 해당한다. 바로 이 이유로 인해 젊은 층보다는 중장년층이 트로트를 더 좋아하는 것이다. 반면, '강남스타일'은 테크노합성 비트 음으로 그 음폭이 아주 넓기 때문에 남녀노소가 좋아하는 톤을 다 만들어낸다. 즉, 모든 연령층이 귀로 느낄 수 있는 모든 소리 음폭이 '강남스타일'의 기본 비트에 다 들어있다.

특히 '강남스타일'에서 핵심을 이루는 멜로디는 100번 이상 단순 반복되는 흥겨운 5음절 '숭구리당당'이다. 이것은 두 개의 비트 구간이 모여 약 0.9초간 지속되는 단순반복성 멜로디를 만들어내는데, 의미없는 가사를 넣는다면, '쿵다리덩덩', '덩더리덩덩' 또는 '숭구리당당'이지만, 각자 원하는 가사를 넣는다면, '강남스타일' 외에도 '오빠스타일', '대구스타일' 등 다양하게 나타낼 수 있다.

그렇다면, 5음절의 우리 가락 '숭구리당당'이 어떻게 하여 세계적인 리듬으로 인정받을 수 있었을까? 그것은 흥겨우면서도 다소 엉뚱하다싶은 5~7음절의 멜로디가 한곡에서 100번 이상 단순 반복되면서 따라 하기 싶고 부르기 쉬운, 아주 전형적인 후크송 기법으로 표현되었기 때문이다. 아무리 흥겨운 5음절 멜로디라도 단순한 반복은 사람들을 식상하게 만든다. 놀랍게도 '강남스타일'에는 우리나라의 가락에서 흔히 사용하는 '꺾이지 않는 파격'이 들어있다. 0.9초의 5음절 가락을 단순하게 반복하지 않고, 3.6초 동안 5음절 멜로디를 4번 반복하되 하되 그중 한두 번은 변화를 시도한다는 특징이 있다. 즉, 5음절을 네 번 반복하되, 반복이 동일하지 않고 2번은 바꿔서 '숭구리당당~숭구리당당? 숭구리당당_ 숭~당당~'을 만드는 것인데, 중간 중간 비트가 없이 목소리로 리듬을 대신하기도 한다.

한편 싸이의 '강남스타일'에서는 5음절의 반복멜로디 대신에 목소리나 함성을 사용하기도 한다. 싸이의 목소리가 굵직하고 안정적이긴 하지만, 상대적으로 중음이나 고음이 부족한 편인데, 군무를 하

트로트에 사용하는 저주파비트의 드럼과 음폭이 넓은 테크노비트의 드럼 ▲

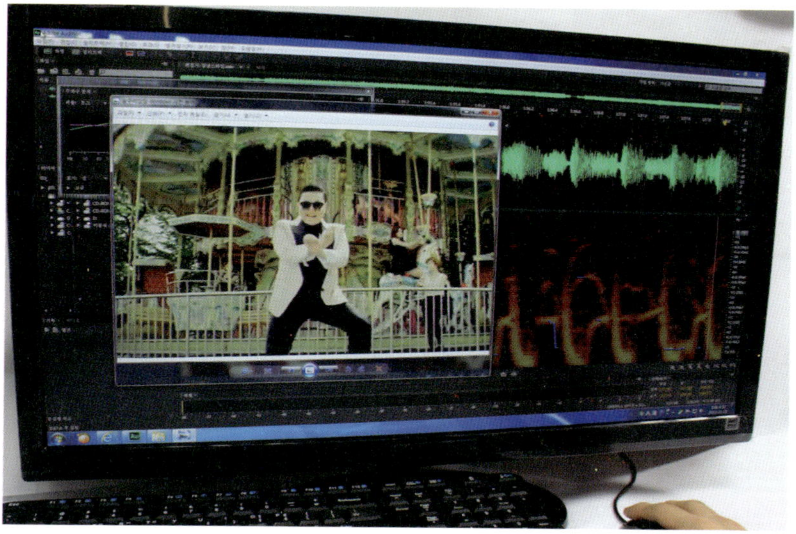

'강남스타일'의 말 타는 모습에는 우리가락 '숭구리당당~'이 숨어 있다 ▲

듯 '와와~'하는 함성을 넣어주면 노래를 듣는 사람의 귀를 넓은 음폭으로 채워주기 때문에 귀가 상쾌해지면서 여러 사람들이 함께 하는 협동심을 유발하게 되고 따라서 혼자 노래하기 보다는 함께 하는 즐거움을 더 얻을 수 있게 된다.

결론적으로, 현재 세계적으로 선풍적인 인기를 얻고 있는 싸이의 '강남스타일'은 따라하기 쉽고 외우기 쉬운 흥겨운 5음절의 '숭구리 당당' 멜로디가 한곡에 100번 이상 단순 반복되어 듣는 사람들의 귀를, 그리고 보기에도 또 따라하기에도 즐거운 춤 동작이 보는 사람들의 눈을 즐겁게 해주고 있다. IT기술의 발달로 우리나라의 국력이 전 세계적으로 급부상되고 있는 오늘날, 우리의 문화인 K-pop의 위상 또한 세계적으로 높아질 수 있도록 노력하고 있는 싸이와 같은 문화역군들을 우리가 인정해주고 제대로 대접해주어서 기술과 문화가 더불어 발전하는 사회가 되기를 기대해 본다.

스위트스폿에서 들리는 감미로운 소리

우리가 생활하는 곳이면 어디에나 소위 명당자리가 있기 마련이다. 사람들이 많이 찾는 영화관에서 관객에게 오감을 가장 풍요롭게 해주는 명당은 어디일까? 언젠가 TV 아침방송에서 영화관에서 가장 좋은 객석 위치를 찾아달라는 부탁을 받고, 마네킹처럼 생긴 바이로럴 장비를 가지고 소리측정을 하고 나서 인터뷰를 해 준적이 있었다. 분석결과, 영화관에서의 명당위치는 무대중앙에서 객석을 바라봤을 때, 좌우의 중앙이면서 아래쪽에서 위쪽으로 2/3의 위치였다. 이곳에서는 화면도 탁 트이게 잘 보이고 소리도 상하좌우의 입체음향을 잘 느낄 수 있어 영화를 관람하기에는 최적의 장소였다.

마찬가지로 어떤 물체이든지 타격을 했을 때 가장 달콤한 소리가 나오는 곳이 있는데 이를 스위트스폿(sweet spot)이라고 한다. 일반 야구배트의 경우 스위트스폿은 야구공을 치는 부분 중 맨 아래쪽에서 위로 약 10~15cm의 위치에 있다. 이 점에서 공을 타격하게 되면 짧고 경쾌한 소리가 들리는데, 다른 어떤 부위에 맞았을 때보다 훨씬 더 달콤한 소리로 들리게 된다.

실제로 야구공이 스위트스폿에 맞았을 때 배트에서 나오는 소리를 분석해 보았더니 맑고 쾌활한 고주파 음이 많아지면서 소리의 지속시간은 다른 타점에 비해 1/2이하로 짧아지는 것을 볼 수 있었다. 즉, 스위트스폿에서는 다른 곳보다 훨씬 경쾌하고 맑은 소리가 나오는 것이다. 반대로 공이 스위트스폿 부위가 아닌 점에서 타격되면 저음의 진동이 배트에 오랫동안 잔류하게 되고 결과적으로 타자들은 왠지 모르게 기분이 나빠지거나 심하면 타자의 손목관절에 이상을 초래하기도 한다.

스위트스폿이 중요한 또 하나의 예는 종소리에서 찾아볼 수 있다. 새천년을 맞이하던 시기, 종소리에 대한 사회의 관심이 높아지자 우리는 에밀레종소리를 정밀하게 분석해보기로 했었다. 경주박물관에 있는 큰 종각에 3.75m의 높이와 18.9톤 무게의 웅장함으로 걸려있는 에밀레종은 종의 하부 배꼽 부분에 종을 치는 당좌가 두 곳으로 나뉘어져있고 그곳에는 아름다운 무늬가 새겨져 있다. 많은 대종 제작자들이나 종소리 연구가들은 연구보고서를 통해 에밀레종의 무게중심이 이 당좌 점에 모아지므로 당목으로 타격했을 때 가장 우렁찬 종소리는 바로 이 당좌에서 나온다고 말하고 있다.

그런데 에밀레종을 타종하는 모습을 유심히 살펴보니 종지기가 당목을 잡고 당좌 부위를 치다가 넘어지는 일이 여러 번 있었고, 또한 필자가 판단하기에는 주변이 시끄러우면 그 우렁찼다던 종소리가 아주 빈약하게 울려나왔다. 물론 종을 치는 당목이 오래되어 갈라지고 말라비틀어져 타격 부위에서부터 당좌까지 힘의 전달이 잘 안되

영화관에도 명당자리가 있다 ▲

야구배트에서의 스위트스폿 ▲

스위트스폿 타격 시 나오는 경쾌한 소리는 선수와 관중이 함께 느낀다 ▲

고 있다는 지적도 있었지만, 필자는 그 원인을 에밀레종의 스위트스폿은 지금의 당좌 부위가 아니기 때문이라는 점에서 찾고 싶다.

에밀레종의 하부를 유심히 살펴보면 당좌무늬 아래 끝부분에 종의 아랫도리를 빙 돌면서 8개의 둥근 당초무늬가 새겨져 있음을 발견할 수 있다. 8개의 원형 당초무늬 중에서 몇 개는 심하게 훼손되어 무늬를 잘 알아볼 수 없을 정도인데, 이는 에밀레종이 지금의 경주박물관 자리로 옮겨지기 전 중앙시장 통로에 걸려있으면서 아침저녁 종을 치던 시기의 종지기들이 당좌부위가 아닌 바로 이 당초부위를 주로 쳤기 때문이다.

종에서의 스위트스폿은 동일한 힘으로 타격했을 때 종소리가 가장 우렁차고 아름다운 소리를 내는 곳이다. 즉, 스위트스폿을 타격하면 그 힘이 종에 잘 전달되고 또한 소리에너지로 잘 전달되었기 때문에 달콤하고 유혹적인 종소리가 들리는 것이다. 당시 중앙시장의 종지기들은 에밀레종을 칠 때 지금의 당좌부위가 아닌 종의 가장 아랫도리인 당초무늬 부근을 치면 종소리가 가장 좋다는 사실, 즉 에밀레종의 스위트스폿이 당초부위라는 사실을 잘 알고 있었던 것이다.

이러한 사실은 소리공학 연구소의 타종실험에서도 입증되었다. 십여 개 종들을 걸어놓고 각각의 종들을 위에서부터 아래로 5cm 간격으로 내려오면서 동일한 힘으로 타종한 후 종소리를 분석하였다. 그 결과 모든 종들이 하부의 테두리 부근에서 가장 맑고 우렁차며 오랜 여운을 남기는 소리를 낸다는 것을 확인할 수 있었다. 그 이유는 종을 치면 소리가 종벽 내부를 따라 위아래로 전달되는데, 위로 올라간 소리들은 종의 상부에서 모아져서 소리떨림이 최소한으로 상쇄되어버리고, 하부로 내려온 소리는 종의 테두리를 따라 빙빙 돌면서 긴 여운을 내기 때문이다. 그래서 종소리는 하부를 도는 소리 때문에 멀어졌다 가까워졌다하는 맥놀이 현상을 나타나면서 긴 시간 여운을 남기는 소리를 만든다. 또한 이 때문에 종소리를 녹음할 때는 스테레오사운드로 녹음해야만 하는 이유이기도 하다.

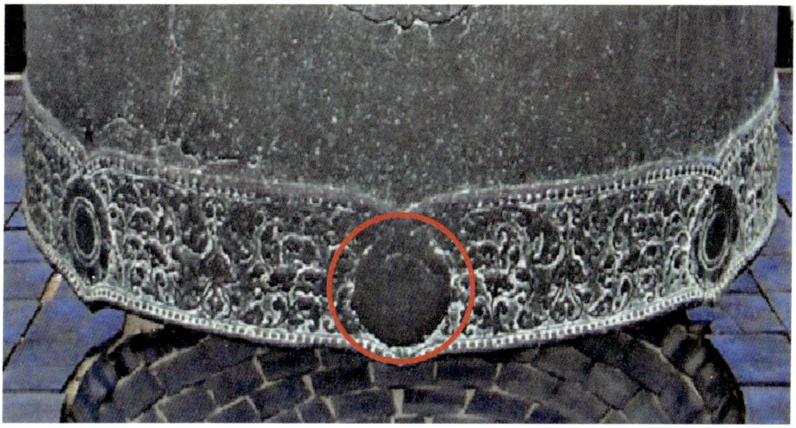

에밀레종의 당좌 아래 부분의 당초무늬가 심하게 마모되어있는 모습 ▲

요약하면, 종소리와 마찬가지로 골프, 테니스, 야구 등과 같은 스포츠에서도 공이 클럽이나 라켓, 그리고 배트의 스위트스폿에 맞아야 달콤하고 유혹적인 소리를 들을 수 있다. 이때 타격의 힘은 대부분 공의 운동에너지로 바뀌면서 배트에 남아있지 않게 되어 공을 치는 사람의 팔이나 손목에 무리한 힘이 가해지지 않게 된다. 이제부터 스포츠를 즐길 때는 선수로 뛰던지 아니면 응원을 하던지 스위트스폿에서 들리는 달콤한 소리를 들으면서 승리의 기분을 함께 만끽해 보기로 하자.

소리이야기 37

자연을 무대로 소리를 입히는 사운드테마파크

필자는 국제학술대회에서 학술논문발표를 위해 두어 달에 한번씩 해외에 다녀오곤 하였다. 학술발표대회는 주로 주요도시나 유명관광지에서 열리곤 하였는데, 가는 곳마다 별별 유형의 박물관이 설치되어 있었다. 샌프란시스코의 해변가에 있는 기계식 게임박물관, 라스베이거스에 있는 밀랍인형박물관, 올란도에 있는 타이타닉박물관, 멜버른에 있는 펭귄박물관, 메디슨카운티에 있는 6개의 브리지박물관 등등. 요즘은 우리나라에도 여러 다양한 박물관들이 있지만, 그 당시에 필자는 외국의 박물관들을 너무나도 부러워하였다. 그래서 소리박물관을 소리공학연구소 인근에 설치하여 운영하는 계획을 세우기로 했다.

우리나라에도 소리박물관이 몇 군데 설치되어 있는데, 강릉에 가면 참소리 박물관이 있고, 제주도에 가면 소리섬 박물관이 있었다. 그러나 필자는 단순한 박물관이 아니라 스티븐 스필버그의 영화처럼 '살아있는 소리체험박물관'을 설치하고 싶었다. 한 10층짜리 건물을

▲ 서울 보라매공원에 조성한 건강 사운드테마 구간

▲ 목소리 길게 지르기 체험 장치

숭실대 근방에 지어서 5층부터는 소리관련 연구실이나 학습실로 임대운영하고, 건물 4층 이하 지하까지는 소리체험 박물관을 운영하면서 활발하게 소리체험을 일반대중에게 제공할 수 있는 시설을 구축하고자 여기저기에 제안서를 발표하고 다녔었다.

결과는 현실성이란 벽에 막혀버렸다. 그런 건물을 지을 땅과 자금이 없었고, 소리체험 박물관에 배치될 자료들도 거의 없었다. 즉, 소리체험박물관을 구축하려면 초기 투자자본이 많이 들어가는데, 나중에라도 그 자본을 회수할 실제적인 방법이 없었다. 그래서 소리체험박물관을 좀 더 현실적으로 운영 가능한 소리체험관으로 하되, 그 규모를 야외와 실내로 나누어 다양하게 체험할 수 있도록 하는 사운드테마파크를 기획하기로 하였다.

사운드테마파크의 설치가 성공한다면 이것은 단연 세계최초의 소리테마파크가 될 것이다. 다만, 인터넷에서 사운드테마파크를 검색

해보면, 미국 시애틀 근교에 푸젯사운드 테마파크가 하나 찾아졌다. 그렇지만, 그곳은 지역명칭이 푸젯사운드이고 소리테마가 아닌 자연사 테마파크를 구성한 곳이었다.

사운드테마파크는 실내와 야외로 나누어지는데, 야외에 설치될 사운드테마파크는 공원이나 캠퍼스의 주변지형지물을 활용하여 구성하기로 하였다. 일반적으로 공원을 만들려면 우리 주변에 없던 나무들이나 식물들을 가져다 조경도 하고 시설물도 설치하지만, 그동안 자연의 소리는 가져오지 못하였다. 그냥 새소리나 물소리를 야외공간에 가져오는 것이 아니라, 환경에 적합하게 기술을 활용하여 환경적응적으로 소리를 들려주는 것이며, 자연을 무대로 소리 음향효과를 적절하게 입혀 내는 작업이 필요하다. 단순히 조그마한 폭포를 야외공간에 꾸미는 것이 아니라, 시각적으로는 조그마한 폭포이지만, 세계 최대의 폭포소리를 입혀주어 시민들에게 웅장함을 소리로 느끼게 하는 것이다.

야외 사운드테마파크에는 구역별로 다양한 새소리가 생동감 있게 느껴지고, 지형별로 파도소리, 폭포수 소리, 시냇물소리, 빗소리 등의 자연음이 들려온다. 차도를 달리면 사운드테마파크의 로고송이 흘러나오고, 자전거로 달리면 노래 소리가 길을 안내한다. 소리 멀리지르기 지대에서는 큰소리 챔피언을 선발하고, 소리를 길게 지르면 가수로 선발되기도 한다. 멀리 떨어진 정자에서 말을 하면 바로 옆에서 속삭이는듯 소리가 가깝게 들리고, 비탈길 바람소리로 악기 연주도 해준다. 자연을 무대로 걸어가면서 수백 가지 소리체험을 야외에서 즐길 수 있다.

서울 보라매공원에 조성한 건강 사운드테마 구간 ▲

실내 사운드테마파크는 소리를 통한 스릴 또한 만끽하면서 수백 가지 소리체험을 다양하게 즐길 수 있다. 입장권을 끊어서 엘리베이터를 타고가면, 최고층으로 신속하게 올려주고, 거기에서 걸어 내려오면서 실내 소리체험을 하게 된다. 소리는 단순히 귀로 느끼는 것이 아니라 인간의 오감 중에서 촉감과 청감을 자극하고, 특히 정신세계를 지배한다는 것을 실제 체험을 통해 깨우치면서 즐기게 된다.

먼저 소리건강 지대에서는 인체의 각 부위별로 건강에 대해 소리체험으로 알아보게 되고, 신체건강의 유지비법을 새삼 깨우치게 된다. 맑은소리 체험구간에서는 인간의 정신수양에 도움을 주는 다양한 소리들을 느끼고 체험하게 된다. 오감자극 소리체험구간에서는 오감을 만족시켜주는 다양한 놀이기구들을 체험하면서 소리의 중요성을 일깨우게 하고, 실제 그 원리를 터득하게 한다. 이어지는 공포소리 구간에서는 무서운 소리, 천둥번개소리, 지진소리, 전쟁무기소리 등을 골고루 느낄 수 있고, 동물들이 느끼는 소리의 공포도 함께 체험해 볼 수 있다. 또한 별도의 공간에서는 인간이 들을 수 있는 다양한 음높이와 동시에 듣지 못하는 초음파, 초저주파 음들을 과학 도구를 통해 직접 체험할 수 있게 해준다. 이때 동물의 귀를 통해서 소리를 들어보는 코너도 구성된다.

이처럼 소리를 테마로 하는 실내외의 사운드테마파크는 하루아침에 설치되고 구성될 수가 없다. 그래서 먼저 숭실대 캠퍼스에서 몇 차례에 걸쳐서 시연회를 가졌었고, 서울시에도 설치 제안을 하였다. 그 결과 서울시 임원진들의 승인을 받아서 소리공학연구소에 인접한 보라매공원에 1차 설치를 완료하였다. 우선 야외 사운드테마파크 아이템의 극히 일부분인 건강 사운드테마 구간을 보라매공원 뒷동산에 설치 완료하였고, 지금은 주변 시민들에게 인기가 아주 많다. 특히 그곳에서 새소리와 물소리가 들리니 그동안 보이지 않았던 살아있는 산새들이 찾아와 함께 울어주고 있다. 분명 대부분의 새소리는 사운드테마 구간에서 들려주는 녹음된 소리가 아니었다.

요약하면, 소리공학연구소에서는 자연을 무대로 소리의 음향효과를 입히는 사운드테마파크 소리공원을 세계최초로 제안하여 서울시 보라매공원과 숭실대 캠퍼스에 시범적으로 설치하여 운영 중에 있다. 지금까지의 공원은 주변에서 보기 드문 유형의 나무들과 조각들을 가져와서 설치하고 조경하는데 그쳤지만 이제는 소리환경도 자연과 인간에게 즐거움을 더해주는 중요한 요소임을 인식하고 이를 응용하여 설계한 사운드테마파크를 통해 생활의 풍요로움을 누구나 만끽할 수 있기를 기대해 본다.

소리 멀리 지르기 체험 장치 ▲

신체좌우대칭 소리체험 장치 ▲

자연과 소리 이야기

세계최초!

멜로디 폭포 물풍금 시연회

1. 노래하는 폭포 〈멜로디폭포〉 또는 〈물풍금〉의 원리는 무엇입니까?

폭포는 힘차게 내려오는 물줄기가 바닥에 닿으면서 '샤~'하는 소리를 내는데, 이런 종류의 소리는 모든 음 높이를 다 포함하기 때문에 백색음(white sound)이라고 합니다. 그런데 일반적으로 모든 폭포수의 소리가 비슷하므로 음높이도 비슷할 것이라고 생각하겠지

멜로디 폭포 '5음계 물풍금'의 숭실대 캠퍼스 시범 설치 ▲

'물풍금'의 원리를 설명 중인 저자 ▲

만 주변의 지형지물에 따라 서로 다른 공명을 일으키면서 폭포마나 특정음계에 가까운 소리를 냅니다. 물론 아주 뚜렷하지는 않지만, 넓은 음폭에서 볼 때 각 폭포는 서로 다른 음 높이의 소리를 낸다는 것입니다. 이 폭포들을 한자리에 모아놓고 폭포마다 특정 음계를 부여하면서 소리를 열었다 닫았다를 반복하는 간격을 조절하면 웅장한 화음을 이루는 멜로디 폭포가 되는데, 우선 시범적으로 숭실대 캠퍼스에 5개 음계의 폭포를 만들어 설치해보았습니다.

2. 얼핏 보기에는 폭포의 크기나 세기, 부딪히는 곳이 다 같아 보이는데요. 이처럼 똑같아 보이는 폭포에서 서로 다른 음계의 소리를 만들어 내는 이유는 무엇인가요?

그것은 폭포 안에 설치된 파이프, 즉 공명관의 차이 때문에 서로 다른 음계의 소리가 발생하는 것입니다. 멜로디 폭포는 크게 세 가지 과정으로 구분됩니다. 수음판에서 폭포수의 백색음을 크게 잡아내고, 공명관에서 특정 음계를 걸러내며, 확성관에서는 소리를 크게 증폭해주고 있습니다. 외형적으로는 동일한 모양의 파이프가 연결된 것처럼 보일지라도, 그 내부에는 음관의 길이를 서로 달리해서 각각의 음계에 맞는 공명이 발생되도록 만들어져 있습니다. 피리나 리코더를 연주할 때, 소리 구멍을 막아가면서 소리 전달 길이에 변화를 주면 서로 다른 음이 나오는 원리와 같습니다. 즉, 소리의 음계는 파이프 길이에 주로 영향을 받고, 단면 혹은 구멍의 크기는 소리의 크기에 주로 영향을 준다는 과학적 원리가 숨겨져 있습니다.

3. 폭포에 설치된 진동판과 막대의 역할은 무엇인가요?

폭포수가 떨어지는 앞에 소리 진동판을 설치했는데, 그것은 폭포수의 백색음을 크게 모아주는 역할을 합니다. 바로 여기서 전기를 발생시켜 공명관을 잘 자극할 수 있게 하려는 것이지요. 원래는 수차에 따른 물레방아를 설치할까 했었지만 물속 기계 장치이다보니 내구성(견고성)의 문제가 있어 물레방아가 아닌, 소리를 전기로 변환하는 압전 센서를 사용하게 되었습니다.

4. 현재 〈노래하는 폭포〉로 연주 가능한 곡은 어떤 곡이 있나요?

지금은 5개의 폭포수를 사용하여 '도, 레, 미, 파, 솔'의 조합만을 만들어 내고 있지만, 향후 2012년 10월 초에 설치될 낙동강의 물풍금 폭포는 12개의 음계(7음계+5#음계)를 사용하여, 3옥타브를 넘나드는 파이프 오르간의 연주능력을 보여줄 수 있게 됩니다. 그러나 현재 숭실대 캠퍼스에 설치된 5개의 멜로디 폭포로도 우리가 익히 알고 있는 동요 〈나비야〉, 〈오빠생각〉, 〈비행기〉, 〈나란히 나란히(일부)〉, 〈바둑이 방울(일부)〉, 〈이슬비(일부)〉, 〈개구리(일부)〉, 〈그 집 앞(초반)〉 등을 연주할 수 있습니다.

5. 노래하는 폭포와 가장 유사한 악기는 파이프 오르간이 맞나요?

일반적으로 파이프 오르간은 세 개 혹은 네 개의 키보드마다 5옥타브를 낼 수 있고 페달을 사용해서 $2\frac{1}{2}$ 옥타브를 더 낼 수 있기 때문에 발생할 수 있는 음계의 폭이 넓어 아주 웅장하며 무게 있는 파이프 울림소리를 냅니다. 멜로디폭포의 경우 파이프 오르간의 음색과 상당히 비슷한데, 개별 폭포마다 3개의 관을 울리도록 만들어져 있기 때문에 3옥타브 내의 모든 곡을 소화할 수 있습니다.

6. 바이올린이나 해금처럼 구슬픈 소리를 내는 다른 악기로는 변화를 줄 수 없다고 하셨는데, 그 이유는 무엇인가요?

그것은 첼로가 바이올린의 소리를 낼 수 없다는 물리적인 한계와 같은 이유라고 할 수 있습니다. 폭포는 일단 위에서 아래로 물이 떨어져야만 하기 때문에 규모가 큰 편입니다. 크기가 클수록 공명관은 길어지게 되고 따라서 주로 저음을 발생하는 악기가 됩니다. 특히 멜로디 폭포는 폭포수의 백색음을 파이프로 공명시켜 소리를 내도록 만들어졌기 때문에 굵고 안정되며 웅장한 파이프 오르간 소리와 같은 소리들이 나오게 됩니다. 그리고 한번 울리면 파이프 관을 타고 가는 울림 때문에 긴 여운이 느껴져서 마치 전통악기에서 나오는 소리처럼 더 깊은 감동을 느낄 수 있다는 특성이 있습니다.

7. 각각의 폭포마다 다른 소리를 낸다고 하셨는데 그 원리는 무엇인가요?

폭포소리의 기본은 물이 떨어질 때 나오는 복합적인 백색음입니다. 백색음에는 다양한 소리가 내포되어 있는데 〈멜로디 폭포〉에서는 이 소리를 폭포 내에 설치된 파이프를 통과시켜 특정음계만 발생시키게 됩니다. 이때 파이프관의 길이를 변경하면 다른 음계가 만들어 집니다. 실제 폭포인 경우, 폭포수가 떨어지는 거리에 따라 다른 음계를 냅니다.

8. 청계천 등에 가서 폭포의 소리를 측정했을 때 그 소리를 현장에서 바로 음계로 변환하는 것도 가능한가요?

네, 가능합니다. 폭포수가 백색사운드라고 하는 것은 우리가 빛깔을 이야기할 때 태양광을 백색광이라고 말하는 것과 같은데요. 백색광을 프리즘에 통과시키면 일곱가지 무지개 색으로 분류할 수 있는 것처럼, 백색음의 소리도 일곱가지 음계로 분류해 낼 수 있습니다. 현장에서 폭포수 소리를 채집한 후 그 소리의 공명음을 바꾸면 다양한 음계로 즉시 구현해낼 수 있습니다.

9. 혹시 학교 내에 있는 인공 폭포 말고, 다양한 폭포 소리를 녹음해서 음계로 변환해 두신 것이 있나요? 있다면 어떤 폭포이고 어떤 음계를 내나요?

우리나라에도 유명한 폭포들이 많이 있습니다. 특히 제주도에는 세계적인 폭포들이 여러 개 있는데, 정방폭포는 〈파〉음에 가깝고, 천지연 폭포는 〈솔〉음과 비슷합니다. 또한 전 세계적으로 유명한 미국의 나이아가라 폭포수는 그 규모에서 세계 두 번째 폭포인데 폭포

제주도 정방폭포는 주변 지형 특성 상 '파~'음을 내는 폭포이다 ▲

의 물줄기가 두 개로 나뉘어져서 〈도〉와 〈미〉음을 내고 있습니다. 세계 최대 규모로 알려진 이과수 폭포는 넓은 지역에 각각 흐르는 물줄기가 많아서 십 여 개의 폭포수가 모여 있기 때문에 폭포수마다 서로 다른 음계를 내고 있습니다.

10. 도레미파솔라시도 음에서 나오는 파장은 각각 어떻게 다른가요?

일곱가지 무지개 색깔과 마찬가지로 음계의 구분은 소리의 음높이에 의해 구분됩니다. 즉, 사람의 목소리에 맞춘 세 번째 옥타브의 음계를 예로 들어 보면, 도음은 131Hz, 레음 147Hz, 미음 165Hz, 파음 175Hz, 솔음 196Hz, 라음 220Hz, 시음 247Hz 등으로 주파수에 따라 음계를 구분하게 됩니다.

소리이야기 38

낙엽 밟는 소리에서 느끼는 성취감

가을이 되면 여기저기에 낙엽이 쌓인다. 아침 일찍 일어나 낙엽을 마치 쓰레기처럼 푸대에 쓸어 담는 사람도 있지만, 누군가의 손을 잡고서 낙엽이 쌓인 길을 따라 낙엽을 밟으면서 때로는 두 손에 한 뭉치씩 낙엽을 잡고 던져가며 즐거워하는 사람들도 있다. 쌓여있는 낙엽을 보면 사람들은 왠지 모르게 밟고 싶은 충동을 느낀다고 한다. 그 원인은 바로 소리에 있다. 밟을 때마다 들리는 '바스락' 소리가 사람의 마음을 끌어주고, 마치 낙엽처럼 밟혀 정복당한 자의 설움을 대변하듯 '사각' 소리를 내면서 한줌의 먼지처럼 흩어져버린다.

낙엽을 밟으면 여러 가지 소리가 들리는데, 먼저 낙엽이 분쇄되면서 나는 '바스락'거리는 소리가 8kHz~13kHz의 넓은 음 대역 소리이다. 그리고 넓은 잎이 구겨지면서 나는 '사각' 소리는 2kHz~4kHz 사이 음 대역의 소리이다. 이처럼 넓은 음폭에서 나오는 안정된 소리성분들은 듣는 사람들에게 주로 맑고 쾌활한 음감을 제공하게 된다.

낙엽을 밟으면 넓은 잎이 분쇄되면서 소리가 난다 ▲

사실 8kHz~13kHz의 소리성분은 우리가 평상시에 잘 듣거나 느낄 수 있는 소리가 아니다. 따라서 주변에서 이런 소리가 들리면 우리 귀의 청감세포는 새로운 느낌을 갖게 되고, 소리의 진폭에 따라 청각 세포들이 음압변동을 느끼면서 넓은 음폭으로 골고루 자극이 되므로 청감이 시원하고 쾌활해짐을 느끼게 된다.

이 때문에 외국에서는 이러한 고주파 소리성분들을 우울증이나 자폐증 환자 치유용으로 활용하기도 한다. 우울증환자들에게는 평소에 잘 듣지 못하는 고주파 음을 들려주어 청감을 시원하고 쾌활하게 만들어 우울증을 해소시켜 주고, 자폐증 환자들에게는 평소에 잘 사용하지 않는 청감에 변화를 주어 소리의 신비감을 통해서 활동성을 자극하려는 의도에서 사용되고 있다.

낙엽 밟는 소리에서는 2kHz~4kHz의 소리성분도 두드러지게 나오는데, 비교적 잎이 넓은 낙엽을 밟을 때 이 소리가 크게 들린다. 이 소리도 넓은 음 대역을 통해 우리 귀에 스치듯 들리기 때문에 쾌활하면서도 무게감을 느낄 수 있어서 좀 더 큰 성취감을 느낄 수 있게 만드는 소리성분이다. 즉, 신발을 덮을 정도로 부피가 있는 낙엽길을 밟을 때 나오는 '사각' 소리를 들으면 중후하면서도 쾌활하게 느끼게 되고 무엇인가를 정복했다는 느낌도 갖게 만든다.

특히 낙엽을 밟으면 한 순간에 소리가 끝나버리는 것이 아니라 밟았다 뗄 때까지 작은 소리에서 큰소리로 끊임없이 이어지는 진폭 변동 음이 들리게 되는데, 이러한 진폭 변동을 통해 사람들은 보다 큰 활동성을 느끼게 된다. 즉, 가볍게 밟았을 때와 무겁게 밟았을 때의 소리감이 서로 다른 것이다. 이러한 소리 변화를 통해 사람들은 운동성을 확인하고 성취감을 느끼게 된다. 떨어진 낙엽을 밟음으로써 짓밟은 자의 성취감을 소리로 느끼게 되고, 밟을 때의 소리 변동을 통해 운동성을 느끼게 되니, 결국 또다시 낙엽을 밟고 싶은 충동을 자신도 모르게 느끼면서 낙엽을 계속 밟게 되는 것이다.

사실 우리 생활 주변에서는 낙엽 밟을 때 나오는 초고주파 음을 간혹 들을 수 있다. 노래방에서 사용하는 탬버린은 즐거운 분위기를 맞추는데 일조한다. 탬버린을 흔들 때 나오는 여러 가지 소리성분 중에서 6kHz~10kHz 음역에서 나오는 '찰랑찰랑' 거리는 소리성분은 사람의 두뇌를 쾌활하고 활동적으로 만들어서 노래하는 사람들과 듣는 사람들에게 흥을 돋구어준다.

낙엽을 밟으면 운동성이 느껴져 또 밟고 싶어진다 ▲

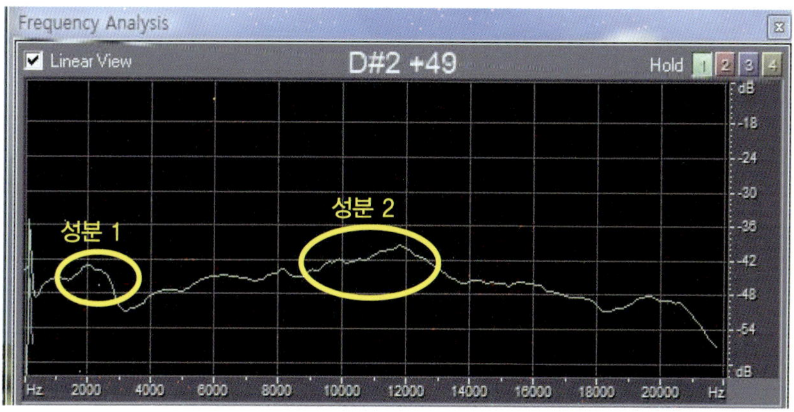

낙엽 밟는 소리에서 볼 수 있는 소리성분 ▲

또 다른 예로 비스킷이나 감자칩 등의 스낵 과자를 씹을 때 입안에서 느끼는 소리도 마찬가지이다. 바스락거리는 소리가 6kHz~8kHz의 넓은 음 대역에서 나타나며 소리에 대한 청감과 더

불어 씹는 힘에 따라 잘게 부서지는 촉감이 우리에게 쾌활함과 성취감을 맛보게 한다. 그래서 자꾸만 과자에 손이 가는 것이다.

요약하면, 늦가을이 되어 길에 쌓여있는 낙엽을 보면 굳이 그곳으로 가서 낙엽을 밟고 싶은 충동이 생기는데 그 원인은 낙엽을 밟을 때 발생하는 소리에 있다. 낙엽을 밟으면 '바스락' 소리가 사람들에게 상쾌함과 활동성을 유발하여 계속 밟고 싶은 충동을 일으킨다. 소리의 진폭에서 느껴지는 변동성이나 정복감도 낙엽을 밟을 때의 성취감을 더하게 만든다. 그래서 우리는 낙엽을 자꾸만 밟고 싶어지는 것이다.

소리이야기 39

핸드벨 소리에 마음 끌린다!

겨울이 되면 여기저기서 구세군의 핸드벨 소리가 들린다. 왕래가 많은 지하철 연결통로에서든 교통소음이 심한 노상에서든 주변이 아무리 시끄러워도 구세군의 핸드벨 소리는 우리에게 잘 들릴 뿐 만 아니라 아주 상쾌하게 들린다. 핸드벨 소리가 들리면 왠지 주머니에 있는 지갑을 만져 보면서 불우한 처지에 놓인 이웃들의 모습을 떠올리게 되고 도와주고 싶은 마음에 자선냄비 쪽으로 가까이 가게 된다. 우리를 냄비로 향하게 만드는 원인은 바로 소리에 있는데, 핸드벨 소리는 저 멀리서도 천천히 리듬을 타고 들려와 우리의 두뇌를 자극하는 듯 '땡그렁'하며 우리를 부르기 때문이다.

핸드벨을 흔들면 여러 가지 소리가 나오는데, 먼저 종을 흔들 때 철편이 종편을 치면서 나는 '쨍쨍'거리는 소리가 종소리의 배음(harmonics)을 구성하는 6kHz~20kHz의 넓은 음 대역의 소리이다. 그리고 핸드벨 자체의 기본음을 구성하는 '땡'하는 소리는 3kHz~4kHz의 단순음(pure tone)이며, 이외에도 철편이 종편을 치고 나서 종편 위를 구를 때 나는 '그렁~'하는 소리의 기본음과 배음들도 함께 어울려서 들린다.

사실, 6kHz~20kHz의 소리성분은 우리가 평상시에 잘 듣거나 느낄 수 있는 소리가 아니다. 따라서 생활 주변에서 이러한 소리가 들리게 되면 우리 귀의 청감세포는 새로운 감각을 느끼게 되고, 소리의 진폭에 따라 청감 세포들이 음압변동을 느끼면서 넓은 음폭으로 골고루 자극을 받을 수 있기 때문에 시원하고 쾌활한 기분을 느끼게 된다. 핸드벨의 소리에서는 3kHz~4kHz 사이의 순음이 두드러지게 나오는데, 이 순음은 철편이 종편을 칠 때 나는 기본음들로 우리의 청각은 이 소리를 아주 잘 들을 수 있다. 인간의 청력에 나타나는 특징은 20Hz~20kHz까지의 소리가 균일하게 나온다고 해도 동일한 음감으로 느끼는 것이 아니라 3.5kHz를 기준으로 더 높거나 더 낮으면 잘 못 듣는다는 것이다. 예를 들면 기본음이 100Hz인 북소리를 3.5kHz 소리와 동일하게 들으려면, 음압이 35dB 이상 커져야 제대로 들을 수 있다. 따라서 기본음이 3kHz~4kHz 사이에 존재하는 소리들은 아주 작아도 잘 들리고 주변이 아무리 시끄러워도 잘 느낄 수 있다.

핸드벨에서 나는 소리들 중 우리 귀에 아주 자극적인 3kHz~4kHz 사이의 기본음만 들린다면 이는 버스카드 인식기에서 나오는 '삐~' 소리처럼 많이 들으면 짜증나게 만드는 소리가 될 수도 있다. 그러나 핸드벨의 경우는 철편이 종편에서 구를 때 나는 5kHz~6kHz의 기본음과 6kHz~20kHz 배음들이 함께 나와서 화음

핸드벨 소리는 모든 사람들에게 멀리까지 잘 들린다 ▲

을 이루면서 복합 음을 만들고 더 나아가 이러한 배음들은 고주파 음의 조합으로 이루어져 있기 때문에 들을 때 아주 시원하고 쾌활한 소리로 느껴진다.

특히 핸드벨은 부피와 무게감이 있기 때문에 빨리 흔들 수가 없다. 따라서 약 1.5초의 주기로 천천히, 그리고 여유 있게 핸드벨을 흔들게 되고 이처럼 여유 있게 흘러나오는 핸드벨 소리를 들으면 우리 마음 속에도 여유가 생기면서 나보다 못한 처지에 있는 사람들의 어려움을 생각할 수 있는 리듬감을 느끼게 된다. 즉, 멀리서 들리는 핸드벨의 작은 소리도 우리 귀에는 잘 들리고 소리 성분이 단순음이라 아주 자극적이지만, 그 배음들의 조합에 의해 쾌활함이 어우러지게 되고, 동시에 1.5초 주기의 소리를 들

엿장수의 엿가락 장단 가위소리에도 초음파 소리가 들어 있다 ▲

으면서 느긋한 여유로움까지도 맛보게 된다.

우리 주변에서도 핸드벨에서 나오는 소리와 같은 초고주파 음을 간혹 들을 수 있다. 장터에서 들리는 엿가락 장단은 이가 맞지 않은 가위질 소리로 장터 사람들을 불러 모으는데 일조한다. 이때 가위질에서 나오는 여러 가지 소리성분 중 6kHz~8kHz의 '찰랑찰랑' 거리는 소리는 사람의 두뇌를 자극해서 기분을 쾌활하고 활동적으로 만들어 모여 있는 사람들에게 흥을 돋구어주게 된다. 흥에 겨워 엿가락을 보면, 어린 시절 엿을 먹으면서 느꼈던 고소한 단맛을 그리워하게 되면서 엿판에 자꾸만 손이 가는 것이다.

결국 저 멀리서 구세군의 핸드벨 소리가 들리면 주변이 아무리 시끄러워도 자선냄비가 있는 쪽을 향해 가고 싶은 충동을 느낀다. 핸드벨을 흔들면, 종편에 철편을 두드릴 때 나오는 소리가 우리의 뇌를 자극하기 때문인데, 이 소리의 기본음은 아주 작은 소리도 우리 귀에 잘 들리는 민감한 소리이며, 그 배음들에서 나오는 넓은 음폭은 듣는 사람들에게 맑고 쾌활한 음감을 제공한다.

트로트에 열광하는 이유

우리에게 익숙한 트로트박자 '쿵짝 쿵짝 쿵짜작 쿵짝~'의 리듬이 반복되는 노래를 듣게 되면, 누구나 어깨춤을 추면서 함께 어울리고 흥겨워하게 된다. 음악전문가들은 말하기를 트로트 노래 속에는 우리 민족의 애환이 스며져 있어 뿌리 깊은 정감을 느끼게 된다고 한다. 아무 생각 없이 그냥 노래만 들어도 자신도 모르게 박자와 리듬에 몸과 어깨를 흔들면서 즐거워하게 되는데, 도대체 무슨 애환이 숨어 있단 말인가? 한편, 미국에서 선풍적인 인기몰이를 하고 있는 활기찬 댄스노래, 원더걸스의 '노바디'에도 트로트의 박자리듬이 들어 있다. '노바디'를 자세히 들어보면 강력한 비트 리듬 '~차 ~차 ~차 차 ~차'가 반복되고 있다는 걸 알 수 있는데 원더걸스는 이 리듬에 신나는 율동을 곁들여 정열적으로 노래를 부르고 있다.

음악적인 설명은 그 분야 전문가들에게 맡기기로 하고 필자는 트로트에 매료되는 이유를 소리 과학적으로 분석해 보았다. 먼저 트로트의 박자템포는 네 박자의 반복이며 1분에 120번(1초에 두 번) 정도로 드럼 비트를 반복하게 된다. 이 주기는 사람이 가볍게 조깅을 하고난 후에 나타나는 심장 맥박수와 유사하다. 그래서 이런 박자템포가 반복적으로 들리면 나도 모르게 숨이 약간 차오르면서 흥겨움을 느끼게 된다.

두 번째로 트로트음악은 반주에 의존하는 테크노음악이나 랩송과는 다르게, 반주를 저음의 악기로 하여 그 템포는 생체리듬에 맞추되 연주는 잔잔하게 깔아놓아서, 전적으로 가수의 목소리에 의존하여 노래하는, 가사전달 중심의 노래이다. 그래서 노래를 듣고 있노라면, 구구절절이 넘어가는 가수의 가창력에 빠져들게 되고, 천천히 변화하는 목소리 톤에 과거 자신의 처지를 노래가사에서 생생하게 연상하게 되면서 가수가 아닌 마치 자신의 애환을 노래하고 있는 느낌을 가지게 된다.

세 번째로 트로트를 부르는 가수들은 노래하는 중간 중간에 소리를 꺾는 기술이 있어야만 트로트의 진미를 느낄 수가 있다고 말한다. 물론 가수의 입장에서는 뭔가 노래의 흐름에 변화를 추구하려는 하나의 기교를 사용한 것으로 보일 수 있겠지만, 소리 과학적인 측면에서 보면 이러한 꺾기는 청중들의 심리변화를 유발하는 음향심리적인 의미를 지닌다. 즉, 노래 속에서 느릿하게 이어지는 평탄하고 밋밋한 음높이를 지속하게 되면 자칫 청중들을 지루하게 만들 수 있기 때문에, 음높이 꺾기를 통해 톤의 변화를 줌으로써 노래 중간 중간에 청중들의 새로운 관심을 유발하는 효과를 불러오게 만드는 것이다.

네 번째로 트로트는 가수가 노래하면서 만드는 강한 바이브레이

노래방에서 중장년층에 인기가 좋은 트로트 가요 ▲

션으로 노래의 깊이를 더해준다. 구구절절이 넘어가는 노래리듬에 저음이나 고음에 상관없이 강한 바이브레이션이 들어가게 되면, 노래의 성숙도와 깊이가 깊어지면서 노래의 제 맛을 더 잘 느끼게 한다. 또한 유명한 트로트 가수들은 전통국악의 노래를 불러도 쉽게 친숙해지게 만드는데, 그 이유는 우리 전통음악이나 전통악기에서도 트로트에서 들을 수 있는 깊고 강한 바이브레이션이 있기 때문이다. 그래서 트로트가요는 다른 외국곡이나 댄스곡에 비해 우리의 정감을 더 많이 이끌어낸다.

다섯 번째로 트로트는 다른 음악에 비해 저음으로 연주되는 밴드리듬은 우리의 신체리듬에 맞추고 목소리로 부르는 노래는 우리의 청각에 호소하는, 다중감각성(multiple sensing)을 활용한다. 즉, 비교적 천천히 연주되는 밴드리듬은 200Hz이하의 저음으로 나오는데, 이러한 소리는 인간의 신체와 촉감을 자극하는 리듬

◀ 애끓는 바이브레이션이 특징인 가수 주현미

이다. 반면 트로트연주에 사용하는 색소폰이나 기타 소리들은 모두 100Hz를 넘어서는 고음으로만 구성되기 때문에 청중의 귀를 주로 즐겁게 해주는 소리성분이다. 그래서 테크노음악이나 랩송에서처럼 드럼연주가 신체리듬과는 상관없이 무조건 템포 빠르게 연주되면, 귀로만 즐기는 노래가 되어 신체의 흥겨움이 줄어들게 된다.

여섯 번째로 트로트의 소리성분을 조사해 보면 소리 에너지의 대부분이 2,000Hz 이하에 놓여있다. 동요는 8,000Hz까지 음폭이 얻어지고, 발라드풍의 노래는 약 5,000Hz까지의 음폭이 나타나는데 비해, 트로트에서는 이렇게 저음 에너지가 많은 에유는 노래가 가사에 의존하면서 목소리 위주의 소리성분이 주로 나타나기 때문이다. 실제로 나이가 들면 들수록 목소리는 저음화 되므로, 중장년층의 목소리는 대부분 2,000Hz 이하의 음폭에 놓이게 된다. 그리고 신체리듬의 흥을 유발하기 위한 밴드 리듬은 200Hz 이하의 저음이면서 그 반복되는 주기도 호흡이 약간 빨라지는 정도로 천천히 흐르기 때문에 소리 성분도 주로 저음 대역에 놓이게 된다. 그래서 트로트 음악은 중장년층의 신체에도 별 무리를 주지 않고 흥을 돋우어 줄 수 있고 동시에 가사를 쉽게 따라 부를 수 있게 만든 대중성 있는 노래가 된 것이다.

▲ 청중에게 율동과 가사를 함께 잘 전달하는 트로트 가수 태진아와 송대관

일곱 번째로 트로트에서 볼 수 있는 리듬 반복 구조에는 "꺾이지 않는 파격"이 숨겨져 있다. 그냥 '꿍짝 꿍짝 꿍짝 꿍짝~' 계속 반복되는 것이 아니라 '꿍짝짝~ 꿍짝~'이 들어가는 엇박자가 있는 것이다. 이는 동양문화에서 주로 나타나는 "꺾이지 않는 파격"이다. 소리 리듬적으로 봤을 때, 단순 리듬의 반복구조는 정감 없이 흘러내리는 기계음으로 인식되어 우리나라 사람들은 아주 싫어하고, 뭔가 변화를 추구하는 변칙적 리듬을 좋아한다. 그래서 월드컵 응원에서의 박수소리도 단순하게 반복되는 '짜작 짜작 짜작 짜작'이 아니라, '짜~악 짝짝!' 하면서 엇박자이기에 사람들의 일치된 정감을 불러 일으켜 순식간에 모든 사람의 마음을 얻게 된 것이 아니겠는가?

결론적으로 중장년층이 트로트를 좋아하는 이유는 단순반복적인 리듬을 사용하는 외국곡과는 달리 우리의 정감이 녹아있는 변화를 추구하는 노래이기 때문이고, 또한 리듬 템포가 중장년층의 맥박수와 비슷해서 따라 하기 쉬우며, 가사 의존적이라서 가수의 목소리를 통해 자신의 애환을 연상시킬 수 있기 때문이다. 특히 트로트음악은 저주파 밴드 연주로 신체의 리듬을 즐겁게 해주고, 고음의 목소리 가창력으로 청각을 즐겁게 해주는 다중감각성이 있기 때문에 우리의 정신과 육체를 동시에 만족시켜 줌으로써 말 그대로 대중음악이 될 수 있었다고 생각한다.

사람과 소리 이야기

직장인 성공인터뷰:

숭실대 소리공학연구소 **배명진** 교수

Q1. 숭실대 소리공학연구소에 대한 간단한 소개를 부탁드립니다.

우리 연구소는 생활 주변에서 들리는 모든 소리를 분석하고 규명하며 그 결과를 응용해서 실생활에 두루 유익하게 쓸 수 있는 실용적인 제품들을 창출해내는 국내 유일의 소리공학연구소입니다.

Q2. 소리공학, 어떻게 보면 굉장히 생소한 단어인데요. 그동안 교수님의 대외적 활동에 힘 입어 일반시민들에게 많이 친숙해진 것도 사실입니다. 맨 처음 어떻게 소리 연구의 길로 들어서게 되셨는지 궁금합니다.

제가 어렸을 때 광석라디오를 갖고 놀다가 고장이 나서 소리가 나지 않자 '소리가 왜 안 나올까?' 궁금했었어요. 그래서 라디오를 다 분해하고 조립하는 과정을 반복하면서 그 원인을 알려내려고 애썼던 것이 소리와의 첫만남이라고 할 수 있습니다. 아버지는 늘 기름때 묻은 장갑을 끼고 재봉틀을 고치곤 하셨는데 저도 이담에 크면 영화에서 본 에디슨의 실험실 같은 곳에서 아버지의 조수가 되어 온갖 실험을 하면서 새로운 것을 만드는 모습을 꿈꾸곤 했습니다. 고등학교 때

아마추어 무선사 등 여러 개의 자격증을 딴 것도 이 꿈을 이루기 위한 과정이라고 볼 수 있지요. 숭실대 전자공학과 재학 당시에는 지인들의 TV나 라디오를 고쳐 주는 아르바이트를 하면서 학비를 벌기도 했고요. 대학을 졸업한 후 서울대 전자공학과 석 · 박사 과정을 거치면서 비로소 본격적인 소리 연구에 정착하게 되었습니다.

Q3. '더~엉 더~엉' 은은한 숨결로 신라인의 잠결을 깨웠던 성덕대왕신종, 일명 에밀레종이라고 하는 종의 소리를 복원하는 연구를 지난 2년 동안 해오셨다고 들었어요. 에밀레종에는 어떤 비밀이 숨겨져 있던가요?

무엇보다도 성덕대왕신종의 종소리는 다른 종들에 비해 3배나 높은 고주파를 만들어 낸다는 사실을 알게 됐습니다. 대부분의 종에서 나오는 소리는 기본주파수가 160Hz인데 성덕대왕신종은 477Hz입니다. 완벽한 종소리를 내기 위해 어린아이를 끓는 쇳물에 집어넣었고 그때 아이가 '에밀레 에밀레'라며 엄마를 애타게 찾으며 불렀다는 전설이 전해지듯이 이 종소리에는 듣는 사람들의 마음을 잡아 뜯는 듯 애끊는 종소리가 들리는데도 우리가 마음이 불편하다거나 불쾌감을 느끼지 않는 것은 종소리에서 나타나는 독특한 맥놀이 주기 때문이지요. 맥놀이 주기란 음이 한 번 커졌다 줄어드는 과정에 걸리는 시간을 말합니다. 성덕대왕신종의 맥놀이 주기는 2.7초인데 이는 우리가 가장 편안한 상태에서 숨을 들이쉬고 내쉬는 호흡주기와 같습니다. 그만큼 에밀레 종소리는 우리에게 편안한 소리로 들린다는 것입니다.

Q4. 말씀하셨듯이 에밀레종을 만들기 전에 어린아이를 끓는 쇳물에 집어넣었다는 전설이 있는데, 근거 있는 얘깁니까?

전설이 늘 그렇듯이 확인되지 않는 이야기면서도 과학자들에게는 항상 수수께끼와도 같은 흥미로운 연구주제를 던져주곤 하는데 소리라는 측면에서 보면 전설을 믿고 싶습니다. 에밀레종은 다른 종들과는 확실히 다른 소리를 내니까요. 98년 포항산업과학연구원이 발표한 연구결과에 따르면, 극미량원소 분석기로 종의 성분을 철저히 분석했지만 성덕대왕신종에서는 사람의 뼈에서 나오는 성분인 인이 검출되지 않았다고 합니다. 그러나 연구원측은 사람의 비중이 구리보다 가벼우므로 전설처럼 아이를 넣었다면 위로 떠 오른 상태에서 타기 때문에 이를 불순물로 생각해 제거했을 경우 인이 검출되지 않을 수도 있다는 의견도 덧붙였다는 군요.

Q5. 그렇다면, 교수님께서는 성덕대왕신종의 소리와 똑같은 소리를 재현해내셨나요?

소리공학연구소에서는 성덕대왕신종의 소리를 분석해서 똑같은 소리를 컴퓨터로 합성해 내는 데 성공했습니다. 이 소리를 실생활에 활용한 예를 보면 에밀레종의 소형모델에 종소리를 낼 수 있는 장치를 부착해서 경주 등 관광지에서 외국에서 온 방문객들을 위한 기념품으로 제작, 판매되고 있습니다. 외국인이 아니어도 우리의 애간장을 태우는 에밀레종소리를 듣고 싶어 하는 사람들에게는 좋은 선물이 되리라 생각합니다.

Q6. '동백아가씨', '울어라 열풍아', '흑산도 아가씨' 등의 유독 슬픈 노래를 많이 불렀던 가수 이미자 씨는 '엘레지의 여왕'이라 불리고 있습니다. 이미자씨의 데뷔 50주년을 맞아 그 목소리를 과학적으로 분석하셨다고 들었는데, 결과가 어땠나요?

이미자씨 목소리의 비결은 일반인보다 2.5배나 높은 폐활량에 있습니다. 저음과 고음을 넘나드는 바이브레이션이 아주 자연스럽다는 것이 큰 특징이구요. 저음의 목젖 떨림뿐만 아니라 중음의 혀 떨림과 움직임을 자유자재로 구사해서 목소리로 사람들의 애간장을 녹이는 것입니다.

Q7. 얼마 전 북한의 핵실험 사실이 보도됐었는데 그 소리도 분석하셨다고 들었습니다.

핵실험으로 인한 인공지진에서부터 비롯된 지진파를 소리로 변환시켜 당시의 폭발음을 재현하는데 성공했습니다. 이 소리를 통해 피폭 반경을 계산해봤더니 이번 핵실험의 위력은 지난 1차 실험에 비해 약 2배 이내인 것으로 나타났습니다.

Q8. 소음성 난청 진단 새 모델을 개발하셨다고요?

이번에 개발한 소음성 난청 진단법은 소리의 진폭과 높낮이 지속시간이 서로 다른 9개의 소리를 연속으로 들려준 후 소리를 어느 정도 정확히 들었는지를 검사해 난청 여부를 진단하는 방법입니다. 기존의 난청 진단법은 사람의 목소리를 벗어나는 음역에서는 검사가 불가능했었던 반면, 우리가 개발해낸 새로운 진단법으로는 사람의 목소리 음역을 넘어서는 8,000~20,000㎐의 소리 영역에 대한 검사도 가능한 것이 특징적입니다.

Q9. 소음성 난청 테스트를 해본 결과는 어떻든가요?

대학생 100명을 대상으로 10,000~20,000㎐의 고주파 영역의 소리를 9단계로 나눠 들려주는 방식으로 소음성 난청 테스트를 해본 결과 70%가 초기 소음성 난청 증세를 보인 것으로 조사됐습니다. 고등학생 20명을 샘플 조사한 연구에서는 45%의 학생들이 소음성 난청을 겪는 것으로 드러났으니 소음성난청은 심각한 수준입니다.

Q10. 특히나 젊은 사람들이 소음성 난청에 시달리는 원인은 뭔가요?

젊은이들이 평상시 MP3나 스마트폰 등을 통해 음악을 들으면서 최대 볼륨 레벨의 90% 이상으로 틀어놓고 3~4시간씩 장시간에 걸쳐 이어폰을 착용하는 것이 소음성 난청의 주요 원인입니다. 마치 귀 앞에서 펑하는 소리가 들리는 것 같은 강한 충격이 고막 초입의 세포들, 즉 고주파 영역을 들을 수 있는 부분의 세포들부터 손상을 가하게 되면서 소음성 난청이 생기는 것입니다.

Q11. 아예 MP3를 사용하지 말라고 할 수는 없고, 어떻게 하면 좀 더 건강하게 음악을 들을 수 있을까요?

소음성 난청을 피하려면 이어폰을 사용할 때 최대 볼륨의 절반 이하로 줄여야 하고, 이어폰보다는 귀 전체를 감싸줄 수 있는 헤드폰을 사용하는 것이 좋습니다. 이 경우에도 볼륨은 항상 최대치의 70%이하로 듣는 것이 좋습니다.

Q12. 아니, 언제 또 CNN에 출연하셔서 코끼리가 하는 말을 분석해주셨나요? 반갑고 자랑스러운 일이 아닐 수 없는데요.

몇 년 전 용인 에버랜드에 있는 코끼리 사육사로부터 나를 찾는 전화가 걸려 왔었어요. 믿기지 않은 사실이지만 자신이 돌보고 있는 코끼리인 코식이가 말을 하는 것 같은데 그 발성의 원리를 밝혀 달라는 요청이었습니다. 코끼리는 겉으로 보기엔 조용히 있는 것 같아도 사람이 들을 수 없는 초저주파(20㎐ 이하) 음으로 동료와 의사소통을 합니다. 통화를 한 며칠 후 사육사가 보낸 비디오영상을 작동하는 순간, 제 귀를 의심하지 않을 수 없었습니다. 정말 코식이가 말을, 그것도 우리말 '누워', '일어나', '앉아' 등을 유창하게 구사하는 것이었습니다. 그 외에도 '좋아', '돌아', '안 돼', '발' 등 10가지 단어와 간단한 문구 '얼짱 있네~' 등을 들을 수 있었습니다.

코식이가 말을 하는 모습을 지켜보는 동안 코식이의 행동에서 특이한 점을 발견했는데요. 코식이는 사육사 목소리를 흉내 낼 때마다, 코끼리의 손인 그 긴 코를 입안으로 넣는 것이었습니다. 코식이는 인간의 발성 음 대역 소리를 내기 위해 자신의 코를 꼬거나 혹은 입안에 밀어 넣은 후 치아로 눌러가며 압력을 조절하고 바람의 흐름을 바꿔가면서 다양한 높이의 소리들을 만들어내고 있었습니다. 발성 시에 나타나는 성문의 주파수 성분들이 사육사의 목소리 성분과 아주 닮았는데, 사육사의 경우 성대 기본 톤이 132㎐였고, 코식이는 130㎐로 나타났습니다. 또한 목소리의 울림특성을 나타내는 공명 실험에서도 사육사는 550~2,400㎐로 나타났고, 코식이는 570~2,650㎐ 였습니다. 같은 발성 음으로 봐도 무방할 정도였지요. 그래서 코식이의 발성음과 사육사 목소리의 특성을 분석한 결과, 목소리의 유사도가 94% 수준으로 나타났습니다. 소리 유사도가 90% 이상이면 그 차이를 구분하기 힘들며 거의 동일인의 목소리로 들릴 정도라고 할 수 있습니다.

Q13. 상대방에게 호감을 주는 '호감 발성법'은 어떻게 하는 건가요?

평소보다 조금 높은 톤으로 말할 것, 조금 더 크게 입을 벌려 좀 더 큰 목소리로 말할 것, 그리고 음 높이에 굴곡을 주어 리듬감 있게 말할 것 세 가지입니다. 사람들은 목소리만 들어도 상대가 나를 좋아하는지, 신뢰하는지, 사랑하는지 등을 알 수 있게 됩니다. 따라서 상대방에게 호감을 주기 위한 발성법을 연습하면 좋은 대인관계를 가질 수 있으리라 생각됩니다.

Q14. 다이어트를 잘못하면 목소리가 걸쭉해질 수 있다면서요? 아니, 어떻게 그런 일이 있을 수 있나요?

지나친 다이어트는 위산 역류를 일으킬 수 있는데, 이는 위 속 위산이 식도를 통해 올라오는 것으로, 위산으로 인해 목 점막이 자극받아 염증이 생기고 후두 아래쪽에 있는 성대에도 염증이 생기면서 음성 장애가 일어나게 됩니다. 대부분의 경우, 목에 뭔가 걸려 있는 것 같은 느낌이 들면서 쉰 목소리가 나거나 목소리가 가라앉는 등의 증상으로 나타납니다.

Q15. 좋은 목소리를 유지하기 위한 방법에는 어떤 것들이 있나요?

물을 많이 마시고 목젖 주위를 촉촉하게 유지하는 것이 좋습니다. 따라서 건조하거나 먼지가 많은 곳에서 오랫동안 일하는 것을 피하는 것이 좋겠지요. 음주와 흡연도 목소리를 망치는 요인입니다. 걸걸하고, 쉿소리, 혹은 쉰 목소리가 나며, 음의 높낮이 변형이 잘 되지 않는 이상 현상이 2주 이상 지속되면 후두나 성대 질환이 의심되므로 전문의를 찾아 진찰을 받기를 권합니다.

Q16. 비가 오면 부침개가 먹고 싶은 이유도 소리를 통해 밝혀내셨다고요? 개인적으로 정말 그 이유가 궁금합니다.

먼저 설문 조사를 통해서 많은 사람들이 봄비가 내릴 때 주로 부침개를 먹고 싶다는 생각을 한다는 것을 알아냈습니다. 이어서 부침개 소리에 대한 분석에 들어갔는데, 기름을 부은 후 잘 달아오른 프라이팬에 부침개 반죽을 넣을 때, 물과 기름이 만나 '치직'거리며 기름 튀는 소리와, 봄바람과 함께 창문에 들이치는 빗소리를 비교했습니다. 놀랍게도 이 두 소리는 진폭이나 주파수가 거의 유사한 것으로 나타났습니다. 밀가루 반죽을 프라이팬에 넣을 때의 소리는 마치 봄바람과 비 소리가 뒤섞여 처마 밑에서 떨어지는 소리와 아주 흡사했던 것입니다. 음향전문가들조차도 부침개의 기름 튀는 소리와 봄비 소리를 구분하지 못할 정도로 아주 유사했는데 이로 인해 봄비 소리는 부침개 소리를 연상하게 되면서 먹고 싶다는 생각을 하게 만드는 것입니다.

Q17. 그럼, 봄비 오는 날엔 튀김집과 칼국수집이 잘되는 이유도 부침개의 경우와 마찬가지인가요?

칼국수 끓일 때 김이 '퐁퐁' 나면서 발생하는 소리도 빗소리나 부침개 소리와 닮았습니다. 이처럼 청각은 두뇌의 상상력을 동원해 소리에서 생성되는 이미지들을 떠올리게 만듭니다. 소리와 이미지의 관계를 잘 파악해서 맛있는 소리를 이용한 마케팅을 하면 매출증가와 건강 두 가지 면에서 다 좋은 효과를 거둘 수 있을 것입니다.

Q18. 앞으로의 연구방향에 대해서도 한 말씀 부탁드립니다.

사람은 태어나면서부터 가장 먼저 반응을 보이는 것이 청각이고 이 세상을 떠나면서 가장 오래 남아있는 것도 청각입니다. 따라서 소리 연구는 가장 오래된 학문이기도 하지만 아직 실용화하지는 못한 단계라고 할 수 있지요. 우리 생활 주변의 소리를 분석, 규명해서 실생활에 유익하게 접목할 수 있게 하는 기술, 즉 소리공학기술로 고부가가치를 창출해낼 수 있는 실용적인 인재를 배출하고 동시에 여러 사람들이 두루 유익하게 쓸 수 있는 제품을 만들어내는 일에 계속 몰두하고 싶습니다.

Q19. 교수님께 소리란 어떤 의미입니까?

소리는 에너지이며 파동입니다. 말씀드렸듯이 세상에 태어나기 5개월 전부터 우리의 오감 중 가장 먼저 열리는 것이 청감입니다. 그리고 태어나자마자 울음소리로 세상과 소통하게 됩니다. 소리는 산소와 같은 존재감을 가지고 있으며 소리가 없다면 이 세상을 살아가는 재미가 없어져 버리겠지요. 저에게 소리란 바로 '존재하는 의미'입니다.

TV와 소리 이야기

EBS TV 〈직업의 세계〉 일인자

소리공학자 배명진

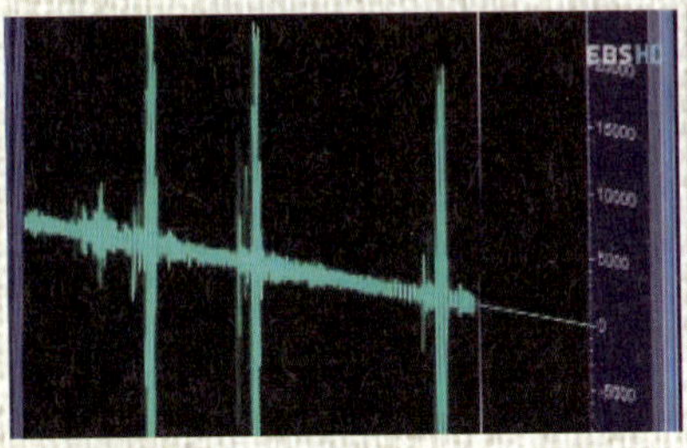

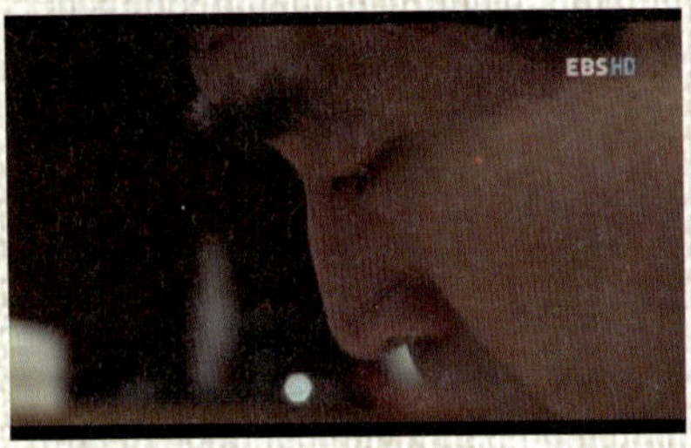

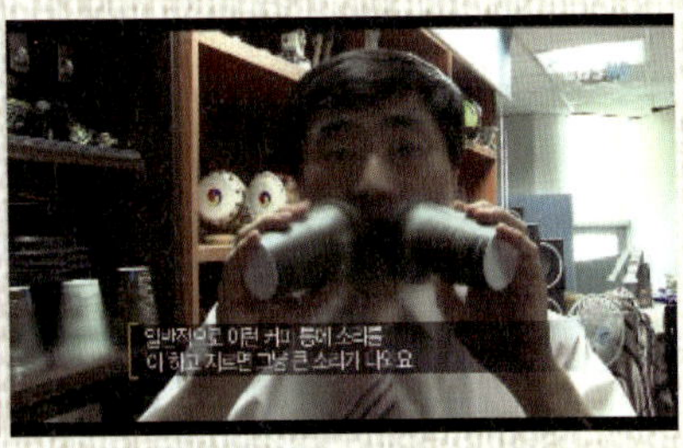

주변의 새들도 많이 몰리고 사람도 새소리의
청거움이나 청각적인 즐거움을 느낄 수가 있는 거죠

[아니요]

이 타원을 타고 소리가 전달돼서
저 멀리에서도 바로 옆에서 속삭이 듯이 들리는

[네, 잘 들립니다]

주변에서 들리는 소리를 분석하고 규명해서
실생활에 두루 유익하게 활용할 수 있는 기술

날씨도 더운데 어떻게 지내세요

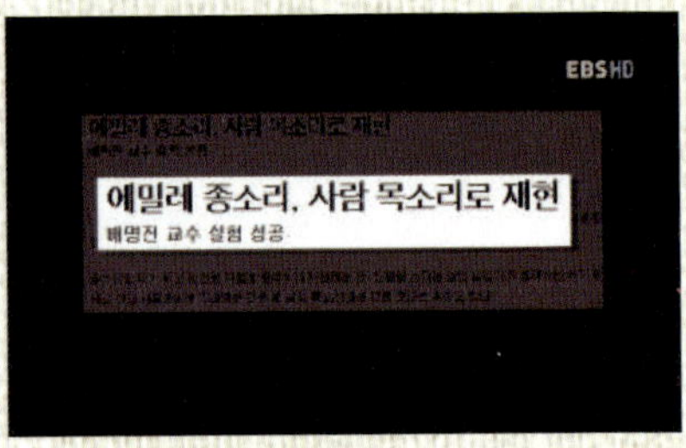
에밀레 종소리, 사람 목소리로 재현
배명진 교수 실험 성공

피해자의 (전화기)를 통해서 들어온
목소리가 범인의 목소리가 분명하기 때문에

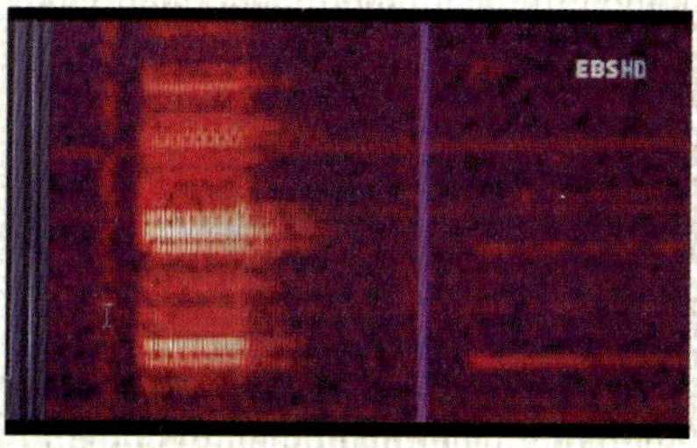

직업의 세계 1인자
다음 이 시간에...

배명진 교수와 **소리 이야기**

발행일 1판 1쇄 발행 2012년 12월 10일
1판 2쇄 발행 2014년 3월 3일

지은이 배명진
발행인 윤덕우
발행처 도서출판 **그린**
주 소 서울특별시 서대문구 연희로5길 50(연희동) (우)120-828
전 화 02)333-2574, 2575
팩 스 02)333-2561
출판등록 제8-161호(1995. 5. 3.)
E-mail greenpress@greenpress.co.kr
Homepage http://www.greenpress.co.kr

가격 12,000원
ISBN 978-89-5727-187-2 03560

※ 본문 내용에서 별도의 출처를 밝히지 않은 그림의 일부는 다음카페에서 발췌하였습니다.